中国电子信息工程科技发展研究

互联网关键设备
核心技术专题

中国信息与电子工程科技发展战略研究中心

科 学 出 版 社

北 京

内 容 简 介

　　本书阐述了互联网关键设备核心技术发展情况，简要介绍了互联网发展的过去、现在和未来。重点阐述了互联网关键设备协议、路由器、交换机、网络操作系统、网络处理器、软件定义网络、网络功能虚拟化、网络安全等核心技术，以及数据中心网络技术发展现状。同时介绍了近年来互联网关键设备核心技术上的学术研究热点以及我国的热点亮点。最后对互联网关键设备核心技术的未来发展进行了展望。

　　本书可作为信息科技领域工程技术人员的参考书，也可为国家不同层面和不同领域的各界专家学者、广大互联网用户提供参考。

图书在版编目（CIP）数据

中国电子信息工程科技发展研究. 互联网关键设备核心技术专题 / 中国信息与电子工程科技发展战略研究中心编著.—北京：科学出版社，2020.7

ISBN 978-7-03-065103-7

Ⅰ.①中… Ⅱ.①中… Ⅲ.①电子信息-信息工程-科技发展-研究-中国②互联网络-科技发展-研究-中国 Ⅳ.①G203②TP393.4

中国版本图书馆 CIP 数据核字（2020）第 080492 号

责任编辑：赵艳春 / 责任校对：王萌萌
责任印制：吴兆东 / 封面设计：迷底书装

科学出版社 出版
北京东黄城根北街 16 号
邮政编码：100717
http://www.sciencep.com
北京虎彩文化传播有限公司 印刷
科学出版社发行　各地新华书店经销
*
2020 年 7 月第 一 版　开本：(890×1240) 1/32
2021 年 3 月第二次印刷　印张：7 7/8
字数：169 000
定价：109.00 元
（如有印装质量问题，我社负责调换）

《中国电子信息工程科技发展研究》指导组

组长：
　　陈左宁　　卢锡城

成员：
　　李天初　　段宝岩　　赵沁平　　柴天佑
　　陈　杰　　陈志杰　　丁文华　　费爱国
　　姜会林　　刘泽金　　谭久彬　　吴曼青
　　余少华　　张广军

中国信息与电子工程科技发展战略研究中心
CHINA ELECTRONICS AND INFORMATION STRATEGIES

中国信息与电子工程科技
发展战略研究中心简介

　　中国工程院是中国工程科学技术界的最高荣誉性、咨询性学术机构，是首批国家高端智库试点建设单位，致力于研究国家经济社会发展和工程科技发展中的重大战略问题，建设在工程科技领域对国家战略决策具有重要影响力的科技智库。当今世界，以数字化、网络化、智能化为特征的信息化浪潮方兴未艾，信息技术日新月异，全面融入社会生产生活，深刻改变着全球经济格局、政治格局、安全格局，信息与电子工程科技已成为全球创新最活跃、应用最广泛、辐射带动作用最大的科技领域之一。为做好电子信息领域工程科技类发展战略研究工作，创新体制机制，整合优势资源，中国工程院、中央网信办、工业和信息化部、中国电子科技集团加强合作，于 2015 年 11 月联合成立了中国信息与电子工程科技发展战略研究中心。

　　中国信息与电子工程科技发展战略研究中心秉持高层次、开放式、前瞻性的发展导向，围绕电子信息工程科技发展中的全局性、综合性、战略性重要热点课题开展理论研究、应用研究与政策咨询工作，充分发挥中国工程院院士，国家部委、企事业单位和大学院所中各层面专家学者的智力优势，努力在信息与电子工程科技领域建设一流的战略思想库，为国家有关决策提供科学、前瞻和及时的建议。

《中国电子信息工程科技发展研究》
编写说明

当今世界，以数字化、网络化、智能化为特征的信息化浪潮方兴未艾，信息技术日新月异，全面融入社会生产生活，深刻改变着全球经济格局、政治格局、安全格局。电子信息工程科技作为全球创新最活跃、应用最广泛、辐射带动作用最大的科技领域之一，不仅是全球技术创新的竞争高地，也是世界各主要国家推动经济发展、谋求国家竞争优势的重要战略方向。电子信息工程科技是典型的"使能技术"，几乎是所有其他领域技术发展的重要支撑，电子信息工程科技与生物技术、新能源技术、新材料技术等交叉融合，有望引发新一轮科技革命和产业变革，给人类社会发展带来新的机遇。电子信息又是典型的"工程科技"，作为最直接、最现实的工具之一，直接将科学发现、技术创新与产业发展紧密结合，极大地加速了科学技术发展的进程，成为改变世界的重要力量。电子信息工程科技也是新中国成立 70 年来特别是改革开放 40 年来，中国经济社会快速发展的重要驱动力。在可预见的未来，电子信息工程科技的进步和创新仍将是推动人类社会发展的最重要的引擎之一。

中国工程院是国家工程科技界最高荣誉性、咨询性学术机构，把握世界科技发展大势，围绕事关科技创新发展的全局和长远问题，为国家决策提供科学、前瞻和及时的建议。履行好国家高端智库职能，是中国工程院的一项重要任务。为此，中国工程院信息与电子工程学部在陈左宁副院长、卢锡城主任和学部常委会的指导下，第一阶段(2015 年年底至 2018 年 6 月)由邬江兴、吴曼青两位院士负责，第二阶段(2018 年 9 月至今)由余少华、陆军两位院士负责，组织学部院士，动员各方面专家 300 余人，参与《中国电子信息工程科技发展研究》综合篇和专题篇(以下简称"蓝皮书")编撰工作。编撰"蓝皮书"的宗旨是：分析研究电子信息领域年度科技发展情况，综合阐述国内外年度电子信息领域重要突破及标志性成果，为我国科技人员准确把握电子信息领域发展趋势提供参考，为我国制定电子信息科技发展战略提供支撑。

"蓝皮书"编撰的指导原则有以下几条：

(1) **写好年度增量**。电子信息工程科技涉及范围宽、发展速度快，综合篇立足"写好年度增量"，即写好新进展、新特点、新趋势。

(2) **精选热点亮点**。我国科技发展水平正处于"跟跑""并跑""领跑"的三"跑"并存阶段。专题篇力求反映我国该领域发展特点，不片面求全，把关注重点放在发展中的"热点"和"亮点"。

(3) **综合专题结合**。该项工作分"综合"和"专题"两部分。综合部分较宏观地讨论电子信息科技领域全球发展态势、我国发展现状和未来展望；专题部分对 13 个子领域中热点亮点方向进行具体叙述。

应用系统
8.水声　　13.计算机应用

获取感知　　　**计算与控制**　　　**网络与安全**

3.感知　　　　10.控制　　　　6. 网络与通信
5.电磁空间　　　11.认知　　　　7. 网络安全
　　　　　　12.计算机系统与软件

共性基础
1.微电子光电子 2.光学工程 4.测试计量与仪器 9.电磁场与电磁环境效应

子领域归类图

5 大类和 13 个子领域如上图所示。13 个子领域的颗粒度不尽相同，但各子领域的技术点相关性强，也能较好地与学部专业分组对应。

编撰"蓝皮书"仍在尝试阶段，难免存在一些疏漏，敬请批评指正。

中国信息与电子工程科技发展战略研究中心

前　　言

互联网被誉为 20 世纪最伟大的工程成就之一。互联网的前身先进研究计划局网络(Advanced Research Project Agency Network，ARPANET)主要由接口消息处理机(Interface Message Processors，IMP)连接计算机系统组成。互联网的早期阶段 NSFNET，主要通过被称为 Fuzzball 的路由器(以 PDP-11/73 小型计算机为基础，再开发路由协议和管理软件)实现互联。当前互联网由数百万台中高端路由器和数亿台家用路由器连接计算机、手机、智能家电等构成。因此，以路由器为代表的互联网关键设备是互联网的核心和命门技术。根据互联网世界统计(Miniwatts 市场集团旗下)的数据，到 2019 年 6 月底，互联网的全球人口穿透率为 58.8%。可以说关系到社会发展、经济民生的各个领域，关系到每一个家庭，每一个人。因此互联网成为现代社会必不可少的信息技术设施。

我国互联网技术研究和应用都起步较晚，但发展很快。1994 年开始成为互联网一员，1999 年国家科技部 863 计划组织互联网关键设备研制技术攻关。2000 年国家自然科学基金委员会组织"下一代互联网与网络安全重大计划"，2003 年国家发改委等八部委组织了"中国下一代互联网示范工程 CNGI"等。国家 863、973 等相关计划支撑了一批互联网关键技术攻关项目，取得了很多创新性成果。而以阿里巴巴、腾讯为代表的中国互联网应用企业，发展势头良好。经过 30 年的发展，中国内地的互联网用户数达到 8.54 亿，位居世界第一。目前我国的互联网穿透率为 60.1%，与加拿大 92.7%、韩国 95.9%、日本 93.5%、美国 89% 相比，还有一定距离。

为了使得互联网技术更能够适应社会发展需求，国际国内研究机构、互联网应用公司和网络设备制造企业等在互联网关键设备协议、路由器、交换机、网络操作系统、网络处理器、软件定义网络、网络功能虚拟化、网络安全等互联网关键设备核心技术，以及数据中心网络技术上进行了广泛的探索和创新。国际上已经开展了三个波次的下一代互联网技术研究，例如美国政府提出的下一代互联网的规划 NGI 计划，美国 100 多所大学联合提倡的 Internet2。美国国家科学基金会推动的 GENI 计划、FIND 计划 NDN(Named Data Network)项目、MobilityFirst 项目。欧盟在其第七研发框架(FP7)中设立了未来互联网研究和实验项目 FIRE。日本 NICT 于 2006 年启动新一代网络架构设计项目 AKARI。国内学术界和工业界也在努力推动新型互联网技术研究和部署。清华大学提出的新一代互联网系统、信息工程大学提出的拟态网络、北京邮电大学提出的未来网络、国防科技大学提出的面向属性网络等，都在努力探索下一代互联网的技术，并取得了很好效果。

互联网技术依然在快速发展。到 2020 年 2 月，规范互联网技术的重要技术文件 IETF RFC(Request for Com)发展到 RFC 8742，发展势头依然不减。ITU、ISO 等组织也在推进互联网相关技术规范，而互联网技术规范大多数都体现在互联网关键设备中。互联网技术也在向各领域延伸，并发展衍生出特色明显的新型互联网形态，例如工业互联网、车辆网、物联网等。然而，由于互联网现有的实现架构与技术很难满足人们对未来互联网发展的需求，因此在互联网和网络设备的关键技术研究上还需要研究者们不断探索。

综上所述，在当前互联网和网络设备关键技术发展过程中挑战和机遇并存。在"一带一路"、"中国制造2025"、5G部署等推动下，中国互联网技术发展和应用将迎来新的黄金期。希望本书能为互联网管理人员、技术研究人员和应用人员提供帮助。

目　　录

第1章 概　　述

1.1　互联网体系结构变迁

1.1.1　互联网的前世(20 世纪 50～80 年代)

计算机网络诞生于美苏冷战时期。1957 年，苏联发射了人造地球卫星。在美国政府领导下，美国国防部于 1958 年成立了高级研究计划局这个机构，目的是研究先进科学技术。直到今日，美国国防部高级研究计划局依然是先进技术的代名词。

(1) 计算机网络的诞生：计算机系统的互联

1967 年，高级研究计划局提出组建一个连接计算机的小型网络，也就是高级研究计划局网络(Advanced Research Project Agency Network，ARPANET)项目。该项目目的是连接独立的计算机系统，实现不同计算机资源的共享，ARPANET 被认为是互联网的前身。该网络项目由罗伯特·泰勒(Robert Taylor)领导。1969 年，ARPANET 连接了加利福尼亚大学圣巴巴拉校区、加利福尼亚大学洛杉矶分校、斯坦福研究所和犹他大学的 4 个节点。这标志了 ARPANET 正式建成。

在 ARPANET 中，硬件上，各个节点之间通过接口消息处理机(Interface Message Processor, IMP)连接；软件上，各主机之间的通信则由网络控制协议(Network Control

Protocol，NCP)负责[1]。接口消息处理机也可以看作当今路由器的前身。因此，正像 IMP 是 ARPANET 的核心一样，路由器也是当今互联网最核心的设备。

(2) 网络体系结构是网络的顶层设计

随着 ARPANET 网络规模不断扩大，出现了各种不同的计算机网络。随之而来的是，同一网络不能兼容不同厂商的计算机，不同类型的计算机之间通过网络互联互通变得非常困难。因此，构建基于统一体系结构的网络成为了计算机网络发展的需求和趋势。网络体系结构演变也成为互联网演变的最核心和最基本的内涵。

网络体系结构是顶层设计，是对网络的物理构成、功能组织与配置、运行原理、工作过程以及数据格式的描述框架，为网络硬件、软件、协议、访问控制和拓扑设计等提供标准。具体来讲，网络体系结构包含网络实体、实体间的通信机制和协议的设计原则，主要致力于解决两个问题，一是如何分解网络功能？二是各个不同的网络功能在哪个层次实现？

美国 IBM 公司在 1974 年提出了系统网络体系结构(System Network Architecture，SNA)，所有遵守 SNA 标准的设备可以方便地进行互连。之后，许多大型计算机公司也纷纷提出自己的网络体系结构，如 DIGITAL 公司的数字网络体系结构(Digital Network Architecture，DNA)，Honeywell 公司的分布式系统体系结构(Distributed System Architecture，DSA)等。但是由于这些体系结构之间不兼容，因此两个不同体系结构的网络之间无法完成通信。

美国国防部在继续扩大 ARPANET 网络建设规模的

同时，也开始部署研究如何实现各种不同网络之间的互联问题。1973 年，ARPANET 项目组的核心成员文顿·瑟夫(Vint Cerf)和鲍勃·卡恩(Bob Kahn)提出了端到端的传输控制协议，定义了网络之间报文路由的方法。后来这个控制协议，被分成了大家熟知的 TCP/IP 协议，传输控制协议(Transmission Control Protocol，TCP)工作在传输层，互联网协议(Internetwork Protocol，IP)负责网络之间互连，工作在网络层，后面逐步演化为 TCP/IP 参考模型。TCP/IP 将网络要素分为四个层次，包括网络访问(接口)层、网际互联层、传输层和应用层。TCP/IP 参考模型使得互联网体系结构具有广泛的包容性和开放性，并具有良好的可扩展性，它允许各种不同的协议和技术，相对简单地加入互联网体系结构中，极大地促进了互联网发展[1]。1983 年，所有 ARPANET 的主机实现了从 NCP 向 TCP/IP 协议的转化。

　　同一时期，为了使所有的网络都能互联互通，1977 年国际标准化组织ISO着手制定开放系统互联参考模型OSI，并于 1984 年完成发布。作为国际性的网络体系结构标准，OSI 规定了可以互联的计算机系统之间的通信协议。ISO 提出的 OSI 将网络体系结构分成 7 个层次，包括物理层，数据链路层，网络层，传输层，会话层，表示层和应用层。OSI 协议在欧洲影响比较大，曾经与 TCP/IP 模型形成了竞争态势。但由于 OSI 协议实现过于复杂，且运行效率比较低，再加上美国支持力度不大，在现实中并不成功。OSI 协议是国际上对网络体系结构进行严格定义的开放系统互连参考模型，其作为一个异构计算机系统互连标准的框架结构，无论是对计算机网络领域，还是对通信领域建设和发展，都具有积极的指导意义和参考价值。从理论上讲，OSI 协议相比 TCP/IP 更加严格，更加完善。然而，信息技术中很多技术最终能否胜出，都是多种因素综合考量的结果，而市场是决定技术抉择的重要一环。最终，TCP/IP 战胜了 OSI 协议，成为互联网技术发展的基石。

1.1.2 互联网的今生(1983～2010)

(1) 域名系统的诞生：网络规模扩充

在 ARPANET 网络中，由于网络中的主机数量较少，各个计算机系统只需要协同维护一个 host.txt 文件。该文件记录了所有主机名及其相对应的二进制 IP 地址，主机名字管理由网络信息中心(Network Information Centre，NIC)集中完成。当用户需要同某个主机进行通信时，只要用户输入这个主机的名字，计算机就能够查出相应的二进制 IP 地址并进行转换。然而随着网络规模的不断增大，NIC 根据网络变化需要不断地更改 host.txt 文件，并定期向全网络进行更新。这样，host 文件的管理越来越复杂，其更新时间也越来越久。当维护 host 文件的网络出现问题时，网络就会瘫痪。为了解决上述问题，保罗·莫卡派乔斯(Paul Mockapetris)和乔恩·波斯特尔(Jon Postel)在 1983 年开发并启动了自动分发的域名服务系统(Domain Name System，DNS)。1984 年，DNS 成为了顶级网域的标准。DNS 采用层次化、分布式、客户-服务器模式，代替了原来的主机名字集中式管理。主要包含层次树型结构的域名空间，存储有关域名及其二进制 IP 地址信息的名字服务器，以及实现域名与 IP 地址转换的解析器这三部分内容。

(2) 现代互联网构建(1983～1995)

20 世纪 80 年代，计算机网络进入了快速发展的时期，美国国家科学基金会(National Science Foundation，NSF)通过各种政策，建立了 NSFNET 广域网，并鼓励大学和研究机构的各种局域网与 NSFNET 进行连接，共享各个机构的主机资源。1986 年，NSFNET 成为了互联网的主干网，也是今天国际互联网的最开始的基本部分。

这一时期不同体系结构之间也进行了激烈的竞争。TCP/IP 模型最终胜出的原因之一，是 BSD UNIX 操作系统将 TCP/IP 协议作为其基本部分。而不像同一时期其他操作系统只是将网络协议软件作为选项。BSD UNIX 在服务器领域取得成功,顺理成章地使得 TCP/IP 协议成为事实上的标准协议。其他协议体系则淡出大众视野，在很小的范围或者为了保持兼容性使用。以 TCP/IP 协议为代表的，TCP/IP 协议簇也成为后来互联网发展的核心部分。

人们在谈论互联网时，经常用 IP 网，甚至用 IP 指代互联网。这在一般谈论中，没有什么影响。但是，当讨论互联网技术体制，或者更宽泛的网络技术发展时，要回答一个新结构或者新协议是不是 IP 时，就需要先明确 IP 语义背景。也就是 IP 指整个互联网的技术体制？还是指 IP 协议的 IP？如果 IP 指 IP 协议，那会存在很多与 IP 协议不一致的网络新协议或者新要素，例如多协议标签系统(Multi-Protocol Label Switching，MPLS)等。如果 IP 指互联网全部协议，那么无论哪个新体系结构，或者哪个新协议都是互联网的新要素。因此，在这个语境下，就不存在是不是 IP 的问题。在互联网的发展过程中，网络协议始终是在不断发展的。新的协议刚出现时，与现有协议不兼容。以现在互联网边界网络协议(Border Gateway Protocol，BGP)为例，当多数路由器还在运行开放式最短路径优先(Open Shortest Path First，OSPF)协议时，部分路由器开始运行 BGP 协议。由于 BGP 协议与 OSPF 不兼容，那些没有运行 BGP 协议的路由器，就只能靠 OSPF 协议与它交互路由器信息。

随着互联网络的不断发展，人们的关注点开始从能够使用互联网向如何方便地使用互联网转变。1989 年，欧洲粒子物理实验室的科学家蒂姆·伯纳斯·李(Tim Berners-Lee)，提出超文本链接技术，同时还开发了 Web 服务器和对应的 Web 客户机。WWW 也就应运而生，成为推动互联网快速发展的重要推手，这也使得互联网在全球化快速普及成为可能。WWW 主要包括三个核心协议：统一的资源识别器(Uniform Resource Identifier，URI)，解决文档(到后面扩展为各种"资源")命名和寻址；超文本传输协议(Hypertext Transfer Protocol，HTTP)，解决多样化文档的快速传输；超文本标记语言(Hypertext Markup Language，HTML)，解决了超文本文档的表示。1991 年，连接互联网的友好接口在明尼苏达大学(University of Minnesota)被开发出来。紧接着，第一个客户-服务器体系结构的示范系统 Gopher 出现。1993 年，美国伊利诺伊大学(University of Illinois)的国家超级计算机应用中心(National Center for Supercomputing Applications，NCSA)设计了支持图形的网页浏览器 Mosaic，包括了互联网的多种服务项目，如电子邮件、文档传输、Gopher、广域网数据库信息查询等。随着社会对网络需求的不断发展，互联网不再只限于研究部门、学校和政府部门使用。1995 年，NSF 正式宣布 NSFNET 停止运营，由美国政府指定三家私营企业开始承担互联网的运行维护，这也标志着互联网全面完成商业化。之后，美国政府发表白皮书，成立一个非营利机构——互联网域名地址分配机构(The Internet Corporation for Assigned Names and Numbers，ICANN)，负责对互联网进行技术更新和维护，主要包括域名、IP 地址分配和管理[1]。

数十年后，DNS 域名问题成为世界各国网络空间管辖主权争论的一个部分。在讨论 DNS 域名安全时，很多人担心 ICANN 会随时删除某些域名，或者修改 DNS 对应的地址，使得某些网络成为互联网黑洞。实际上，互联网攻击中，有一类攻击，被称为前缀劫持攻击，可以达到同样目的，而且实施起来更方便，也更隐蔽。只是关注的人没有那么多。因此如果要刻意去攻击，会优先选择采用前缀劫持攻击。

(3) 下一代互联网第一阶段(1996～2005)

随着互联网的发展，各种新需求、服务和技术的不断出现，传统的 TCP/IP 互联网体系结构，已经不足以应对网络发展所带来的诸如可扩展性、安全性、移动性、服务质量和可管可控等新的挑战。为了应对这些问题，从 1996 年开始，多个国家组织开展了对新型互联网体系架构的第一阶段研究。下一代网络体系结构也出现第一次热潮。

在第一次的下一代互联网体系架构的研究热潮中，聚焦演进型体系结构的研究。演进型体系结构，以现有的 TCP/IP 体系结构为基础，通过不断"改良"的方式"完善"

TCP/IP 协议簇，典型的工程有美国的下一代互联网(Next Generation Internet，NGI)计划和 Internet2，中国高速信息示范网(China Advance InformatioN and Optical NETwork，CAINONET)，中国下一代互联网示范工程(China Next Generation Internet，CNGI)等。

美国政府提出的 NGI 计划主要有三个目标。第一个目标是开展先进网络技术的实验研究，包括服务质量(Quality of Service，QoS)保障、安全、可靠性、网络管理、系统工程和运行维护、各类新协议开发和协议完善研究、计算机操作系统、合作与分布计算环境等；系统工程和运行维护，包括服务体系结构的定义和工具，测量、统计和分析；路由、交换、组播、可控传输、安全和移动性的新协议或者协议完善；计算机操作系统，包括先进计算机体系结构产生的新需求；合作与分布计算环境。

第二个目标是构建下一代网络基础设施，分为两个子目标，一是将端到端互联网性能提升 100 倍，实现至少 100 个 NGI 节点互联，典型端到端性能不低于 100Mbps。二是下一代网络技术和超高信息连接，将端到端互联网性能提升 1000 倍，典型端到端性能超过 1Gbps。

第三个目标开发一些革命性的应用，教育方面，如远程教育、数字图书馆等；健康医疗，如远程医疗等；国家安全方面，如高性能全球通信、先进信息分发等；科学研究，如能源、气候、生物等；环境方面，如环境监测、预警和响应等；政府方面，包括政府服务、信息发布等。

Internet2 是 1997 年提出的，一项由全美国 100 多所大学参与的研究计划。QoS 保障技术是 Internet2 的焦点[2]。

在美国发展下一代互联网时,中国的互联网正在起步,尤其是互联网关键设备,核心路由器研制能力还是空白。1999 年科技部设立 863 计划跨主题重大项目"中国高速信息示范网项目",由当时 863 计划的计算机主题、通信主题和光电技术主题共同支持。该项目以核心路由器和光交叉互连设备研制为重点。国防科技大学、清华大学和信息工程大学承担了核心路由器研制,武汉烽火通信集团和中兴通信等单位承担了光交叉设备的研制。项目相关成果参加了 2001 年举行的 863 计划十五周年展览,受到了国内外的高度关注。该项目开启了中国研制高性能互联网核心设备的序幕。

中国 CNGI 项目于 2003 年启动,目标是打造中国下一代互联网的基础平台。该项目以 IPv6 为核心。希望这个平台不仅是网络基础设施,同时能在 CNGI 上开展下一代应用的研究和开发,使之成为产、学、研、用相结合的平台。CNGI 项目根据分工原则,包括六个主干网络部分。该项目为推动 IPv6 技术在中国部署实施,研究 IPv6 与 IPv4 如何共存、过渡,IPv6 技术部署等起到了重要作用,也为后来中国加快推进 IPv6 奠定了重要基础[3]。

(4) 下一代互联网第二阶段(2005～2010)

在下一代互联网的研究过程中,研究者们发现针对当前互联网体系结构的一些根本性问题,采用演进型体系结构还很难完全解决。因此,学术界提出另一种新型网络体系架构的研究方向,也就是革命型体系结构。革命型体系结构是期望从根本上解决当前已有的网络体系结构存在的问题,因此致力于推翻现有架构并设计新的互联网架构。代表性的工作包括美国全球网络创新环境(Global Environment for Network

Innovations，GENI)计划和未来互联网设计(Future Internet Design，FIND)计划，欧盟第七框架计划(7th Framework Programme,FP7)中的下一代网络计划,以及日本的 AKARI 计划等[4]。

2005 年，美国国家科学基金会(NSF)启动了全球网络创新环境项目(GENI)，是美国关于下一代互联网研究的一个重大项目。GENI 旨在构建全新的、安全的、能够与多种设备相互连接的互联网，进而搭建一个开放的、大规模的、真实的试验床，为新型网络体系结构的研究提供大规模网络实验环境，促进互联网的发展和网络技术的创新。2006 年，美国国家科学基金会的网络系统和技术研究计划(NeTS)，又提出一个长期计划，未来互联网设计项目(FIND)。该项目的目的是不受当前互联网体系结构的约束，从草图开始重新设计一个全新的能够满足未来 15 年社会需求的下一代网络。

欧盟在第七框架计划(FP7)中设立了未来互联网研究和实验项目(Future Internet Research and Experimentation，FIRE)。该项目于 2007 年启动。FIRE 的主要研究内容包括对新型网络体系结构和网络协议的设计，针对未来互联网面临的网络规模、复杂性、移动性和安全性等问题的解决方案以及对上述解决方案在大规模测试环境中的验证等。FIRE 项目是一项长期规划，包含多个阶段，每个阶段的研究既包含试验驱动型的研究项目，也包含用于试验的基础设施的建设项目。

日本国家信息与通信研究院(National Institute of Information and Communications Technology, NICT)于 2006

年启动新一代网络架构设计项目 AKARI，其目标是设计一个全新的互联网体系结构，主要研究下一代网络架构及核心技术，共分为 3 个阶段(JGN2、JGN2+、JGN3)建设实验床。AKARI 的研究思路是从整体出发重新研究设计一种新的网络体系架构，该架构能够突破现有网络体系结构下的各种限制，解决当前网络面临的所有问题，并指明未来互联网的发展方向，最后再考虑从现有网络过渡到新型网络架构的方法。

这一时期的项目并没有实现最初的革命性目标，但是也取得很多可喜的成就，特别是 GENI 项目提出的网络切片(Network Slice)在后来的网络发展过程中得到很好的继承和发展。无论是网络功能虚拟化(Network Functions Virtualization，NFV)还是第五代移动通信(5G)，都广泛采纳了切片的概念和相关技术。

1.1.3 互联网未来的国际研究(2010~现在)

这个时期，着眼于下一代互联网的发展，也可以说是下一代互联网的第三波次。主要针对互联网存在的可扩展性、安全性、移动性，以及服务质量等各种问题，研究者们相继提出了各种新型互联网体系结构的研究方向[5-7]。

(1) 面向内容中心的新型网络体系结构

互联网设计最初目的是实现计算资源共享，而经过几十年的发展，当前互联网的主要需求转变为内容的获取和分发。对于以发布和获取信息为主的互联网，当前的 TCP/IP 体系结构所存在的端到端通信模式存在明显的不足，例如对于每次获取的内容通常需要间接映射到相应内容所在的设备，容易造成网络需要反复多次传送相同的内容，浪费资源，也影响服务质量。因此，学术界提出一种未来网络架构，从当前以"位置"为中心的体系结构，逐步演进到以"内容"为中心的体系结构。

内容分发网络(Content Delivery Network，CDN)和对等网络(Peer to Peer，P2P)是在当前网络基础设施上建立层叠网络，包含以内容为中心的网络架构的思想。施乐帕克研究中心(Xerox PARC)提出的内容中心网络架构(Content Centric Network，CCN)和美国国家科学基金会的未来互联网架构项目(Future Internet Architecture，FIA)资助下的命名数据网络(Named Data Networking，NDN)则是从革命性的思路，提出以内容为中心的新型网络体系结构。无论是CCN还是NDN，其主要目标都是要建立一个可以自然适应当前内容获取模式的新型互联网架构，其核心思想是对数据对象直接命名，并使用基于名字的路由和转发协议，从而实现以IP为中心转变为以内容/数据为中心。CCN/NDN引入网内交换节点内容缓存的设计思想，以期望能够通过购置成本不断降低的缓存换取高效的带宽，从而能够有效减少冗余流量和源服务器的负载，并提高服务质量。由于内容中心网络高效的数据传输特性和高可靠性，其在以机器到机器为主导的物联网中表现出极为广阔的应用前景。NDN作为当前新型的研究领域，它在命名、路由、转发、缓存等机制上仍然面临许多挑战[8]。

(2) 面向服务的新型网络体系结构

目前互联网已经发展成为全球重要的信息基础设施，各种网络应用也在不断增加，并渗透到全球经济、社会和生活。网络不仅承载着信息的传输，还承载着海量和差异化的服务。传统网络体系结构主要以实现主机的互联互通为理念，类似"尽力而为传输""端到端通信"等互联网设计思想已经不能满足未来互联网可扩展、可动态更新、可管理控制等需求。产业界和学术界纷纷提出以服务为中心的新型网络体系结构，期望能够改变传统互联网一直秉持的"傻瓜式"传输的窘境。但是这种期望本身也是一直在争论中的，核心网络到底应该是简单，甚至"傻瓜式"，还是应该更加智能。

思科(Cisco)公司提出的面向服务的网络体系结构 (Service-Oriented Network Architecture，SONA)，是一种以服务为导向的网络架构。SONA 将网络分为基础设施互联层、交互服务层和应用层 3 个层次，通过使网络能够识别不同的应用和服务，以及能够设计相应的网络服务功能模块，为用户提供更加高效、便利的网络服务。美国明尼苏达大学的贾迪普·钱德拉舍卡(Jaideep Chandrashekar)教授等提出面向服务的因特网(Service Oriented Internet，SOI)，希望通过在现有网络层和传输层之间，增加一个服务层，建立一个面向服务的网络功能平台。面向服务的网络体系结构，实际上是将更多应用层实现的网络服务转变为通过网络体系结构的相关基础协议、设备资源和管理软件等。

(3) 面向移动性的新型网络体系结构

在早期计算机网络中，网络节点的位置固定，网络协议一方面考虑的是两个固定节点之间正常的连接，并不注重网络移动性的要求，但是随着小型智能移动终端的普及以及无线通信技术的发展，移动计算的时代已经到来。另一方面，以传感器和射频识别为标志的物联网也得到了巨大地发展，并在不断地改变着人们的生活。因此能否更好支持移动性，成为未来网络体系结构研究的重点。

在当前 TCP/IP 体系结构下，IP 地址即标识网络节点的位置，也作为网络节点的标识符，因此带来了 IP 地址语义过载问题，这直接影响了计算机网络对移动性的支持。当节点在网络内移动时，节点的移动并不意味着其网络身份的改变。但在这个过程中，由于节点位置及节点路由信息的改变，其 IP 地址必须做出改变。当前一些方案通过位置标识分离(Locator/Identifier Split)的方法来解决 IP 地址语义过载问题。如 HIP 体系架构通过在当前网络层和传输层之间插入一层主机标识层为网络提供移动性。

另外一些方案通过设计全新的网络体系结构解决移动性问题，代表性的工作如 MobilityFirst。MobilityFirst 是由美国 NSF 的 FIA 框架计划资助的主要研究项目之一，主要目标是希望为移动服务开发高效且可伸缩的网络体系结构，包括无缝的主机和网络移动性、对带宽变化和连接中断的容忍、对多播和多宿主的支持、对多路径的支持，以及安全性和用户隐私的保障等。MobilityFirst 明确地将对象名字、全局唯一标识符以及网络位置信息分离开来，并建立大规模可扩展的分布式全局名字解析服务和名字认证服务，因此能够支持大规模无缝移动。在这方面，当前的研究方向主要集中在以 MobilityFirst 架构为基础的路由机制、传输协议，以及隐私安全等问题[9]。

(4) 面向安全性的新型网络体系结构

最初的互联网是在大学和研究实验室的可信赖环境中

设计的。然而，这种假设早已因互联网的商业化而失效。随着越来越多的企业进入互联网以及大量新型基于互联网的服务和技术的发展，安全性必然会成为下一代互联网体系结构的主要关注点。当前互联网采用的 TCP/IP 架构没有将安全性考虑在内，一直以来都面临着源地址欺骗、拒绝服务攻击以及路由劫持等安全问题。针对这些安全问题，当前体系结构以“增量修补”的形式在各层添加安全协议，如 IPsec、BGPsec、TLS 和 DNSSEC 等。但这些安全协议中的一个重要基础——认证，当前仍采用中心化的方式，带来了诸多问题。在下一代互联网的研究中，许多新型网络体系结构都直接将安全性作为架构的一部分，而不再像当前的互联网中那样覆盖在原始架构之上。

美国卡内基·梅隆大学的网络安全组研发的 SCION 网络体系结构作为这方面代表性的工作，是一个完全以网络安全可信为主要原则而设计的新型网络架构。它从当前网络一些固有安全问题出发，对网络体系架构进行了全新的设计，包括新的网络组织结构、可信的认证体系以及安全的网络控制层和数据层等。SCION 能够从网络自身提供诸如抗DDoS 攻击、源认证和路径验证、用户隐私等安全性质[10]。

1.1.4　互联网未来的国内研究(2010～现在)

国内多家单位在国家相关项目支持下，开展了新一代互联网项目的研究，取得了很好的成就。在学术界，国防科技大学、清华大学、北京邮电大学、解放军信息工程大学等高等院校开展了多个项目研究，取得多项重要技术突破。在产业界，华为、中兴、烽火等为代表的大型企业也在开展相关研究。下面将概述高等院校的研究工作，企业的相关工作在后面章节中也会进行简要介绍。

1. 未来网络

北京邮电大学、南京未来网络研究院、中科院计算所、清华大学、紫金山实验室等单位先后开展了新型网络体系结构，SDN/NFV 以及未来网络实验床等三方面的研究工作。

在新型网络体系结构方面，针对 TCP/IP 在设计之初没有考虑到互联网会成为如此复杂的应用场景与异构的通信技术这一挑战，该团队重新思考互联网体系结构的原则，并提出了未来互联网体系结构。不同于在 TCP/IP 协议栈上进行修补的演进性思路，未来互联网体系结构遵循"革命性"(clean slate)设计思路，即重新设计符合未来互联网场景和发展趋势的新型体系结构。与现行互联网相比，未来互联网体系结构的关键特征在于：前者以主机为中心，强调网络是主机的互联；后者以信息或数据为中心，强调网络的目的是信息获取。

在 SDN 与 NFV 方面，研制了可编程虚拟化路由器平台，可实现异构网络协议并行无扰运行；江苏省未来网络创新研究院推出了网络操作系统 CNOS，已在全国部署运行，并覆盖了 200 多个城市。

在未来网络试验床方面，基于在 IPv6 组网、网络可编程和虚拟化方面的探索与积累，现阶段实验床建设已将重点逐渐转向大规模异构网络、并行支持多层次网络试验验证和联邦互联等方向。"未来网络基础试验设施(CENI)"拟构建一张覆盖全国 40 个城市的开放性试验网络，通过 100/10Gbps 骨干网络互联，支持 4096 个 L2+ 层试验的并行，并与国外 OneLab 和 GENI 等试验床互联互通，最终实现未来网络、空间网络、量子网络等新技术的模拟与实验验证。此外，"大湾区未来网络试验与应用环境"项目也计划于 2020 年年底初步建成，该网络以深圳为中心、覆盖泛粤港澳大湾区多个城市和百余个边缘节点。

2. 拟态网络防御

针对网络空间软硬件漏洞后门无法杜绝、无法管控、无法彻查等三大技术难题，信息工程大学团队借鉴脊椎生物非特异性和特异性免疫机制，以及拟态现象的多样性与伪装性，提出了基于内生安全体制机制的拟态防御理论。

网络空间拟态防御以成熟的异构冗余可靠性技术架构为基础，通过导入基于拟态伪装策略的多维动态重构机制，以及具有迭代收敛性质的广义鲁棒控制机制，创立了动态异构冗余新构造，实现了网络信息系统从相似性、静态性向异构性、动态性的转变，形成了有效抵御漏洞后门等已知或未知威胁的内生安全效应。

具体而言，就是以动态异构冗余形态的广义鲁棒控制架构为基础，以相对正确公理的逻辑表达为多模输出矢量测量感知手段，在避免攻击者实施时空维度上协同一致的同态攻击的条件下，对动态异构冗余构造的多模裁决、策略调度、负反馈控制、多维动态重构以及相关的输入与输出代理等环节施以拟态伪装策略。

在功能不变的条件下，主动改变网络信息系统的算法结构和运行环境，将基于目标对象漏洞后门等已知或未知威胁转化为差模、有感共模等可靠性问题，并利用成熟的可靠性和自动控制理论与方法解决之，实现了传统或非传统安全问题归一化处理的目标，网络信息系统因此能够获得广义鲁棒控制的内生安全能力。从而在不依赖攻击者先验知识或行为特征信息以及附加型安全设施的前提下，使网络信息系统具备服务功能的稳定鲁棒性与品质鲁棒性。

拟态防御主要有四个技术特性：

(1) 具有"结构决定安全"的内在属性和归一化处理的功效，无论是目标对象内部的随机性"差模"失效还是未知的"差模"攻击，无论是基于软硬件暗功能的外部攻击还是内部渗透攻击，无论是传统的不确定扰动还是非传统的"无法预测的未知"安全威胁，均能转化为稳定鲁棒性和品质鲁棒性问题一并处理，因而能彻底颠覆基于软硬件漏洞后门等传统攻击理论和方法，因此诸如"挖漏洞"、"设后门"、"植病毒"和"藏木马"等经典攻击方法在机理上不再有效。

(2) 通过基于"相对正确公理"的威胁感知机制和负反馈控制机制，可收敛或迭代式的改变目标对象运行环境或防御场景，造成攻击者视角下的"测不准"效应，使攻击手法和经验难以复现或继承，无法产生可规划、可预期的攻击效果。同时，进一步地将不确定的攻击事件变换为概率可控的可靠性问题，实现系统的抗攻击性和可靠性指标可标定设计、可测试度量。

(3) 作为一种内生安全构造技术，拟态防御能够自然地融合现有安全防护技术,并可获得超非线性的防御效果,具有垂直技术和产品的整合能力。

(4) 作为一种创新的赋能技术,可为信息系统、控制装置或相关软硬件设备提供"高可靠、高可信、高可用"三位一体的功能和性能。

3. 下一代互联网

清华大学团队坚持下一代互联网技术的自主创新,在真实源地址验证和下一代互联网过渡等技术领域取得重要突破。针对互联网体系结构安全设计缺陷带来的安全可信重大技术问题,清华大学提出"基于真实 IPv6 源地址的网络寻址体系结构",主导形成国际互联网标准 IETF RFC 4 项。针对 IPv4 和 IPv6 的语法、语义和时序不同,不能兼容带来的技术难题,清华大学在隧道过渡技术和翻译过渡技术两方面取得重大突破,提出"4over6 隧道过渡技术"、"IVI 翻译过渡技术",在无状态地址翻译、传输层端口地址映射、IPv6 兼容过渡机制等方面取得重要突破,主导形成国际互联网标准 IETF RFC 18 项。上述技术均得到广泛应用。从 1994 年国家计委批复启动 CERNET 示范工程起,清华大学联合几十所高校,承担了国家一系列 CERNET 建设项目,建成了世界上最大规模的国家级学术互联网 CERNET。CERNET 支持了多项国家教育信息化工程,包括网上高招远程录取、数字图书馆、教育和科研网格、现代远程教育等,是我国教育信息化的重要基础设施,成为具有世界先进水平的国家教育和科研信息基础设施。

4. 面向属性的网络体系结构

国防科技大学在长期的高性能网络研究和实践中，认为传统互联网体系结构受其提出的时间和背景、应用需求等局限，现在面临一系列难题。例如，在安全可信方面，存在难以精准控制、难以追根溯源、难以保证实体可信等问题；在服务质量方面，存在难以为用户提供所需服务质量的问题；在可管性可控制性方面，存在难以支持针对具体服务对象的细粒度管理控制与自动配置等问题。

在国家相关项目支持下，经过深入研究，国防科技大学研究团队认为上述难题的根源在于"三个缺失"，一是网络层协议没有相关网络节点的自身信息，即设备的身份信息；二是报文转发时，缺乏用户和应用的类别信息；三是网络层没有网络应用信息，因此网络层难以更好地为网络应用提供支持。

因此，国防科技大学提出了属性网络体系结构[6]。该网络体系结构的设计重点，希望实现三个转变：一是从"报文转发以地址为中心"改变为"报文转发以属性为中心"；二是从"网络应用服务质量需求难以体现到网络层"改变为"网络应用统一管理"的 QoS 管理模式；三是从"尽力服务为主"改变为"根据属性，更好地服务为主"。

在具体实现机制上，属性网络体系结构将属性作为报文选项携带，从而兼容当前的网络实现。在报文转发模型上，改变了当前报文转发以地址为唯一依据的一维空间转发决策模型，改变为统一的属性转发模型，扩展到多维空间转发决策。地址只是作为属性之一，属性还包括位置属性、设备身份属性、人员身份属性、网络应用属性等。同时，还设计了实体身份真实性保证机制、服务质量分级分类保障机制、身份标识路由机制、路由设施对用户透明机制等创新机制。在组播管理上，采取以用户为对象的实体组播协议，而不是地址为对象的组播协议，从而支持组播等应用的快速部署。

通过对国际下一代互联网项目分析，可以看到各国对下一代互联网的重大需求达成共识，包括扩展性、高性能、安全性、移动性、实时性以及可管理性等方面。

(1) 扩展性：下一代互联网需要能够连接所有可连接的多种多样的电子设备。接入终端设备既包括各类工业执照大型设备，也包括各类信息处理设备，而种类和数量更多可能是各种各样的传感设备。因此互联网的发展必须要实现覆盖现在的工业互联网、车联网和物联网等讨论的各种实体。

(2) 高性能：高性能是网络发展的必然主旋律，下一代互联网骨干网需要的单路由器接口可能达到 Tbps，整机系统可能达到 Pbps。

(3) 安全性：下一代互联网的一个重要挑战是，如何在相对简单开放的基础上，提供较为完备的安全保障体系，从网络体系结构上保证网络安全性，进而提供安全可信的网络服务。但如何选择网络提供哪些服务，可能是个艰难的抉择。

(4) 移动性：当前移动互联网的"移动"主要建立在底层的无线移动通信基础上，下一代互联网应该更深层次地与无线移动通信技术结合，实现网络随遇接入，提供更加友好的移动互联网服务。

(5) 实时性：下一代互联网应该提供更加实时的处理能力，以支持实时音视频交互等新一代互联网多媒体应用。

(6) 可管理性：下一代互联网需要能够提供更加有效的网络管理手段，实现更加可靠的用户、网络和业务等综合管理能力。

1.2　互联网关键设备的分类

互联网中的关键设备指用于实现互联网中通信和交互的物理实体[11]，它从输入链路接收数据，然后对数据进行处理后，通过输出链路转发到相邻的下一个设备，并保证数据处理和转发过程中的安全。互联网关键设备主要包括路由器、交换机、网卡、集线器、中继器、网络安全设备等。

如前所述，ISO 提出的计算机网络 OSI(开放系统互联模型)，也称为七层参考模型，得到计算机网络界和通信界的广泛接受。OSI 模型包括七个层次，从下到上分别是物理层、数据链路层、网络层、传输层、会话层、表示层和应用层，网络设备的功能可以对应到其中的若干层次。经典的路由器主要处理网络层信息，经典的交换机主要处理链路层信息，网桥工作在数据链路层，中继器和集线器工作在物理层[12]。随着技术的发展和应用的需要，具体的某个网络设备往往会打破这些局限或者约束，例如目前路由器也会处理应用层的信息，交换机也经常处理小规模路由信息，为此也经常被称为三层交换机。因此，如果没有特别说明，这里的路由器和交换机等概念主要指功能意义上的网络设备，不一定与实际产品或者具体厂家的设备一一对应。

网络层设备的主要功能是通过路由算法为数据流量选择路径,实现拥塞控制、网络互联等功能。主要包括路由器、三层交换机和网关等设备。

(1) 路由器主要用于多个网络或网段之间的互联,它在互联网络中寻找最优的一条网络路径提供给用户进行通信,是网络的调度中心和交通枢纽。路由器提供了路由和转发两种重要机制,其中决定数据包从来源端到目的端所经过的路由路径(主机到主机之间的传输路径)的过程称为路由,而将报文分组从路由器的输入端送至适当的输出端称为转发。按照在网络中承担的业务量大小,路由器一般可以划分为核心、汇聚和接入路由器三类。在网络建设方案描述中,有时将核心路由器再分为广域核心路由器和城域核心路由器。

(2) 三层交换机是指带有网络层路由功能的交换机,它是交换机功能和路由器功能的有机结合,一般具有一定的路由计算和处理能力,但不会运行边界网关协议(Border Gateway Protocol,BGP)等域间协议,主要用于大中型企业内部比较复杂的计算机网络。三层交换机的优势是集成了路由器的部分功能,从而不需要专门部署单独的路由器来完成子网划分等功能,同时可以避免传统路由器造成的网络瓶颈问题。

(3) 网关有两个不同的含义,早些时候一般指不同协议间的转换设备,如 TCP/IP 协议与 Novell 协议的网关。而当前网关多指一个组织边界上的网络设备,或者安全设备,边界上的安全设备有时也被称为网闸。

数据链路层设备的主要功能是基于物理层设备所提供

的服务基础,在通信双方之间建立实体连接,传输数据包。这种数据包是以帧或者分组为单位的,包括交换机和网桥等设备。

(1) 交换机用于局域网的构建,实现多台计算机之间数据的高速并发交换,其依赖数据包中的媒体存取控制位址(Media Access Control Address, MAC 地址)。交换机内部的中央处理器(Central Processing Unit, CPU)会在每个端口成功连接时,通过将 MAC 地址和端口对应,形成一张 MAC 表。在之后的通信中,发往该 MAC 地址的数据包将仅送往其对应的端口,而不是所有的端口。针对某个 IP 地址的第一次通信时,需要做一次广播,实际接收者会回复它的 MAC 地址,下次就可以直接发给这个 MAC 地址。

(2) 网桥是一种存储转发设备,其通过读取数据包的源 MAC 地址和目的 MAC 地址对数据包做过滤处理。网桥能够连接多个网段,形成一个更大的局域网(Local Area Network, LAN),使局域网的用户都可以方便地访问本网段的服务器。网桥从端口接收网段上传送的各种帧,然后根据 MAC 地址来转发。

物理层设备的主要功能是通过物理传输介质在网络节点之间建立、管理和释放物理层信息传输的手段实现比特流的透明传输,其为数据链路层提供了数据传输服务。物理层设备主要包括网卡、传统的集线器、中继器等,部分设备在现代网络中已很少使用。

(1) 网卡是构成网络的基本部件,一般安装在计算机上,负责计算机与局域网连接,既是计算机与局域网连接的传输媒介,也是完成网络功能最基本处理的部件。按照支持的计算机种类分类，网卡可分为标准以太网卡和 PCMCIA 网卡等。标准以太网卡通常用于台式计算机的联网，而 PCMCIA 网卡则普遍用于便携式计算机的联网。目前网卡多数集成在计算机主板，或者 CPU 芯片内部。这个逻辑部件一直存在，只是表现方式有变化。智能网卡往往指能够在网卡上完成 TCP/IP 协议处理，或者其他特定处理需求的网卡。

(2) 中继器主要实现在信号衰弱过多或损坏前在同一网络中重新生成信号，以便延长信号的传输距离。目前很少独立部署中继器。

(3) 集线器相当于多端口的中继器，连接来自不同分支的多条线路。集线器无法过滤信息，因此经过集线器的数据包将发送到所有连接的设备。所有通过集线器连接的计算机，属于同一个以太网冲突域。由于以太网应用十分广泛，价格十分便宜，因此早期集线器、中继器等的价格优势不复存在，很少实际部署。

为了保证网络自身以及网络数据的安全，互联网安全设备应运而生。互联网安全设备内置了一系列的网络安全机制和策略，可以提高使用网络的安全性。根据网络安全设备工作在 OSI 七层网络模型中的层次，一般可以把安全设备分为数据链路层安全设备、网络层安全设备和应用层安全设备三类。

(1) 数据链路层安全设备最常用的是加密设备，工作在 OSI 网络模型的第二层，主要向网络数据提供加密服务，并且提供设备身份认证功能。数据链路层加密设备根据线路具体类型提供不同加密功能，因此产生了不同的线路密码机。例如，对于以太网，使用以太网密码机；对于帧中继(Frame Relay，FR)线路，使用 FR 密码机；对于数字数据网(Digital Data Network，DDN)线路，使用 DDN 密码机。此外，还有在宽带综合业务数字网(B-ISDN)等线路环境使用的异步传输模式(Asynchronous Transfer Mode，ATM)密码机等。

(2) 网络层安全设备种类较多，设备通过身份鉴别、加密、访问控制和威胁检测等技术在网络层为网络服务提供安全保证。最常见的有身份认证设备、虚拟专用网络(Virtual Private Network，VPN)设备、入侵检测系统(Intrusion Detection System，IDS)和网络层防火墙等。

(3) 应用层安全设备主要通过在应用层加入相关技术，防止用户受到可能的安全威胁。主要产品有防病毒网关、代理服务器和应用代理级防火墙等。

1.3　互联网关键设备的主要应用场景

1.3.1　国际互联网

严格来讲，互联网和国际互联网(也称因特网)是有区别的。互联网泛指利用 TCP/IP 协议所创建的各种网络，包括面向社会公众服务、面向学校和企业等各类组织内部使用的网络。而国际互联网是世界上最大的互联网，英文为 Internet。因特网是 Internet 的音译，国际互联网和因特网含义相同，国际互联网经常会被省略为互联网。因此绝大多数场合，互联网和国际互联网是通用的。

互联网的应用架构从最开始的端到端模式，逐渐演变成端到服务器的架构。从层次结构上，互联网一般包括接入层、汇聚层和核心层。

(1) 接入层的主要功能是将终端连接到网络，处于互联网最外层，因此接入层交换机通常具有成本低、端口密度高等特性。

(2) 汇聚层位于接入层和核心层之间，它是多台接入层交换机的汇聚点。汇聚层提供了数据通往核心层的上行链路。因此，汇聚层交换机比接入层交换机需要更少的接口数量，但接口速率更高，交换性能也更高。

(3) 核心层是互联网的主干部分，为互联网提供稳定和可靠的骨干传输结构。因此，处于核心层的网络设备(如高端路由器)需要具有更高的可靠性能和吞吐量。由于核心层对整个网络的正常运行具有至关重要的作用，一旦出现故障将会带来巨大的经济损失，因此核心层通常采用双中心技术，确保网络畅通，即核心层的高端路由器等设备采用双机冗余热备份。

20 世纪末开始，随着计算机技术和网络通信技术的不断发展，催生出了各种各样的互联网应用，如 Myspace、Facebook、Youtube、微博等社交应用，WhatsApp、微信等即时通信应用，Google Map、Google Earth、百度地图等地图类应用，Apple Pay、微信支付、支付宝等移动支付应用。这些应用极大地推动了互联网的快速发展。根据联合国信息和通信技术专门机构国际电信联盟(International Telecommunication Union，ITU)的统计数据，从 2000 年到 2019 年全球互联网用户增长率高达 1157%，目前(截止到 2019 年 6 月)全球超过 58%的人都在使用互联网(如表 1.1

所示)[13]。我国自 1994 年接入 Internet 开始网络规模也不断扩大，图 1.1 展示了由中国互联网络信息中心(China Internet Network Information Center，CNNIC)统计的我国近 20 年网民规模增长情况[14]。

表 1.1　2019 年全球互联网用户数量统计

地区	互联网用户数量/个人	普及率	增长率 2000～2019	互联网占比
非洲	522,809,480	39.6 %	11,481 %	11.5 %
亚洲	2,300,469,859	54.2 %	1,913 %	50.7 %
欧洲	727,559,682	87.7 %	592 %	16.0 %
拉丁美洲	453,702,292	68.9 %	2,411 %	10.0 %
中东	175,502,589	67.9 %	5,243 %	3.9 %
北美洲	327,568,628	89.4 %	203 %	7.2 %
大洋洲	28,636,278	68.4 %	276 %	0.6 %
全球总计	4,536,248,808	58.8 %	1,157 %	100.0 %

图 1.1　中国网民规模及互联网普及率

1.3.2　移动互联网

　　移动互联网是传统互联网发展的必然产物，建立在国际互联网和移动通信系统的基础上，有机地将移动通信和传统互联网二者结合起来，成为一体。通过移动互联网，人们可以使用手机、平板电脑等各种移动终端设备使用手机电视、在线游戏、网页浏览、文件下载、位置服务等各类移动互联网应用。移动互联网已经渗透到全世界各国人民的生活和工作中，新闻阅读、金融交易、移动支付等五花八门的移动互联网应用发展十分迅猛，已经并将继续深刻改变全世界的社会、经济和生活等。移动终端设备主要通过移动通信技术与基站等相连，通过移动通信的核心网，与国际互联网连接。随着移动通信从 3G，到 4G，再到 5G 的跨越式发展，移动互联网将会继续蓬勃发展。

　　移动互联网在 2G 时代开始进入萌芽阶段。当时的移动应用终端主要是基于无线应用协议(Wireless Application Protocol，WAP)的应用模式。WAP 应用是将因特网上的 HTML 的信息转换成用无线标识语言(Wireless Markup Language，WML)描述的信息，进而显示在移动电话的显示屏上。诺基亚 7110 是一款支持 WAP 的手机。该手机的出现，被认为是移动终端上网时代的开始。然而 2G 时代的移动网络带宽非常有限，在信息查看应用中，图片稍大一点就很难加载，更不用说观看视频了。因此，随着公众对移动网络的需求不断增长，从第三代移动通信技术(3rd-Generation，3G)开始，国际电信联盟(International Telecommunication Union，ITU)就高度重视如何在有限的新频谱上，实现更高的数据传输速率。从 3G 开始进行明

确 的 标准规定， 提出 了 IMT-2000(International Mobile Telecommunications-2000)，要求符合 IMT-2000 标准的才能被采用为 3G 技术。因此各个国家在纷纷开始进行技术改进的同时进行融合和标准化。3G 在技术上将多种多址方式进行结合，采用更高阶的调制和编码技术，并通过多载波捆绑等技术使得数据传输速率有了很大的提高。在 3G 时代，欧洲采用了宽频码分多址(Wideband Code Division Multiple Access，WCDMA)，北美采用了 CDMA2000，而中国也开发了自己的标准时分-同步码分多址(Time Division-Synchronous Code Division Multiple Access，TD-SCDMA)。在实际部署中，国家为了鼓励国内移动通信的竞争，中国移动、中国联通、中国电信采用三种不同的体制，在 3G 网络发展的同时，手机操作系统生态圈也得到了全面的发展。支持 3G 网络和具有触摸屏功能的智能手机开始大规模出现。3G 时代和智能终端时代的到来标志着正式进入了移动互联网时代。在这个阶段，移动互联网应用呈现了爆发式的增长，人们的生活方式开始离不开移动互联网。尽管 3G 网络的速度有了很大的增长，但其相比传统互联网的连接速度还是具有很大的差距。因此，第四代移动通信技术(4th Generation of Wireless Mobile Telecommunications Technology，4G)在 2013 年诞生。

相比 3G 网络，4G 网络在规范上达到了统一，均采用了 3GPP(3rd Generation Partnership Project)组织推出的 LTE/LTE-Advanced 标准。该标准下的空中接口关键技术采用了先进的正交频分复用(Orthogonal Frequency-Division Multiplexing，OFDM)技术。同时，4G 还通过多进多出

(Multiple Input Multiple Output，MIMO)技术和跨载波聚合等技术进一步提升了数据传输速率。4G 网络传输速率更快，网络频谱更宽，通信灵活度更高并且兼容性好。4G 网络催生了越来越多的公司利用移动互联网开展业务。特别是 4G 网速的极大提高，促进了实时性要求较高、流量较大类型的移动应用快速发展，例如移动视频应用获得了快速的发展。尽管 4G 网络已能满足人们对移动互联网应用的大部分期待，但是一些新兴应用场景，比如增强现实(Augmented Reality，AR)、虚拟现实(Virtual Reality，VR)、自动驾驶等的出现使得 4G 网络在传输速度、时延、安全性等方面还是无法满足需求。

因此第五代移动通信技术(5th Generation Mobile Networks 或 5th Generation Wireless Systems，5G)应运而生。5G 采用了网络切片、超密集异构网络、Massive MIMO等多种先进技术。5G 也使得互联网技术和移动通信技术进一步融合。目前，5G 已经开始进入了部署阶段，预计在 2022 年前后实现大规模商用。在特定场景下，5G 比 4G 速度将有百倍以上的提升和更低的延时，而且还可以支持更多的设备接入和更高的安全性。5G 时代的到来，将带来一场影响深远的全方位变革。5G 将推动各行各业向着数字化、智能化的方向转型升级，也推动移动互联网走向下一个高峰。

1.3.3 行业网

金融、医疗、教育等各行业通常根据其业务需求搭建专属的行业网络，其网络搭建技术方案基本同互联网一致，即通过路由器、交换机等网络设备实现互联。但不同的行业由于其业务的特殊性，往往对网络的安全和性能等方面有着特殊的需求。例如，在金融行业网络中，往往需要部署高性能的接入访问控制服务器、防火墙等安全防护设备，提高网络的安全性。在医疗行业网络中，则需要多种医用信息采集、显示等设备。

金融、银行等行业网络通常按照业务功能和安全需求可分为不同的网络区域，各个网络区域有独立的网络设备连接相应的主机、服务器等设备，每个网络区域的交换机再接入到上层交换机。为应对某些特殊业务的服务质量(QoS)控制需求，金融行业网络通常借助虚拟局域网(Virtual Local Area Network，VLAN)技术将位于不同物理网络中的主机和服务器等组成虚拟局域网。在金融数据中心，则可使用软件定义网络(Software Defined Network，SDN)技术将网络控制平面和数据平面分离，简化网络架构，方便网络管理，按照业务需求构建网络功能区域，并通过 SDN 控制器在不同逻辑分区之间进行流量引导。

值得指出的是，行业网络可以是全国性的，也可以是省或者地市范围等，主要目的是提升所对应行业的信息化水平。如税务行业利用信息技术建设税收工作，提高税收工作水平，实现税收信息化；海关部门通过信息建设形成了包括电子海关、电子口岸、电子总署的应用格局，为海关的业务管理带来了巨大贡献。

1.3.4 企业网

企业网一般是指区域性网络，但对于跨国企业以及大型国企等，其规模和构成一般类似行业网络。而企业网又可分为大型企业网、一般企业网和小型企业网。

(1) 大型企业网一般采用与国际互联网类似的架构，即三层架构(核心层、汇聚层、接入层)。在各层功能和结构上，大型企业网也基本与互联网接近。但在网络设备方面，大型企业网更侧重内部网络连接设备，因此与互联网相比，没有庞大的服务器集群。

(2) 一般企业网采用三层精简结构，也有核心层、汇聚层、接入层。由于该类网络规模不大，接入层以交换机为主，汇聚层和核心层为路由器或者高性能三层核心交换机。

(3) 小型企业网一般采用两层结构，包括接入层和汇聚层。该类网络的数据基本流向是用户终端先到接入层交换机，再到汇聚层交换机，最后到出口路由器，实现与互联网的连接。对于部分规模很小的企业网，也可能不采用分层的结构。

1.3.5 云计算与数据中心

云数据中心是云计算的基础设施，随着云计算业务持续渗透，云计算超大数据中心的建设也取得了极大进展。随着云计算的发展，计算资源被池化，而为了实现计算资源的有效分配，数据中心逐渐迁移为两层的网络架构。云数据中心需要很多网络设备的支撑，包括核心交换机、柜顶(Top of Rack，ToR)交换机和服务器等。在数据中心网络中，通过采用 ToR 交换机，以实现高带宽连接到核心交换机，这样可以达到用相对简单的核心交换机代替原来核心路由器的目的，使得更多数量的端口支持流量聚合功能，让数据中心网络成为一个较"平"的网络。新型数据中心网络拓扑结构主要分为两类，分别是以交换机为核心和以服务器为核心的拓扑方案[15]。

(1) 在以交换机为核心的数据中心网络拓扑中，由交换机完成数据中心节点间的网络连接和网络路由。这类新型拓扑结构可以采用更多数量的交换机互联，或者融合光交换机进行网络互联。因此，面对性能和功能的升级，主要围绕相对简洁的交换机硬件和软件，而不需要升级较为烦琐的服务器和软件系统。比较典型的方案主要有 Helios、c-Through、OSA、Fat-Tree、VL2 等。相比普通交换机而言，数据中心交换机还应具备高容量、大缓存、虚拟化、FCOE、二层 TRILL 技术、VXLAN 等方面的特征。

(2) 在以服务器为核心的数据中心网络拓扑中，由服务器完成数据中心节点的路由功能，而交换机只提供简单的连接功能。这种分层拓扑结构的共同点是低层网络均由一台交换机连接若干台服务器构成，高层网络通过连接若干个低层网络构成此类方案，具有很好的层次性。在这种拓扑中，服务器的多个网络接口提供网络接入功能，为了能够更好地支持各种流量模式需求，主要针对服务器的软硬件进行升级，优点是不需要对交换机进行升级。其中代表方案主要包括 DCell、BCube、FiConn、CamCube 等。这种拓扑方案当前仍集中在学术研究层面，暂缺少实际部署的设备。

数据中心网络既可以采用互联网既有关键设备，也可根据数据中心网络特殊需求，创新定制数据中心网络设备，并成为网络技术发展的热点，具体请参见第 3 章数据中心网络。

1.3.6　智慧家庭

智慧家庭，也被称作家庭自动化，其通过物联网技术将家庭智能控制、信息交流和消费服务等家居生活进行有效结合，目的在于创造高效、舒适、安全、便捷的家居生活。智慧家庭系统能够控制室内灯光、光照、温度、湿度，冰箱、影音设备等各类家用电器，以及摄像头、防盗门、警报器等安保设施[16]。ICA(IoT Connectivity Alliance)联盟等组织联合发布的《2019 智能家居生态发展白皮书》将智能家居的发展概括为三个阶段：阶段一包含离散子系统和智能单品；阶段二为全屋智能，即基于安全、照明、娱乐、能源、健康需求构建家庭智能网络；阶段三为数据运营和内容服务，以人工智能和云服务平台为基础提供运营精准的服务[17]。

家庭网关和路由器等网络设备在智慧家庭系统实现中起到了桥梁的作用，其将各智能子系统和手机等控制终端互联起来。智慧家庭系统通常由智能设备、控制终端(平板电脑、手机等)和应用界面组成。智能设备之间通常通过中心化的集线器或者网关进行连接，另外也可通过路由器等接入互联网提供远端控制功能。如图 1.2 所示[17]，阿里巴巴联合鸿雁电器推出的全屋智能系统成为了智慧家庭的典型互联方案。家庭边缘网关连接空调、照明等各种智能子系统，从而获取各子系统设备的状态信息并进行控制。同时，家庭边缘网关接入互联网并与家庭路由器相连。手机等控制终端则可查看各智能子系统的运行状态，还可下达控制指令，这些指令通过路由器传送至边缘网关从而实现对各子系统的控制。

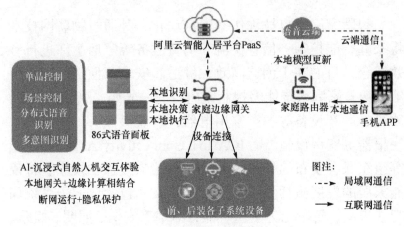

图 1.2　全屋智能系统架构实例

第2章 互联网关键设备核心技术

2.1 互联网关键设备协议技术

网络设备协议是为了实现不同网络设备之间，进行数据交换而制定的规则、标准或者约定。协议一般包括语法、语义和同步三要素。协议的语法是指控制信息或者数据的结构形式或者格式；协议语义则是指需要在哪种状态下，发出哪些控制信息、完成哪些动作，以及做出哪些反应；协议同步是指事件实现顺序的详细说明[18]。网络设备要发挥作用，离不开协议技术的支持。

网络设备协议的发展与互联网的发展密不可分。20世纪70年代中期开始，网络协议得到了迅速发展。最早的路由协议即路由信息协议(Routing Information Protocol，RIP)就发源于这个时期。1983年TCP/IP协议成为ARPANET的标准协议。1985年，美国国家科学基金会围绕六个大型计算机中心建设互连网络，即NSFNET。它也是互联网中的主要组成部分。1986年，思科公司首家发布IP路由器，由此拉开了互联网30多年的大发展序幕。协议技术作为网络设备的核心技术，也在日新月异地发展。

网络设备协议种类数量众多，分类方法也不尽相同。根据网络设备类型的不同，可以分为互联网设备协议和物联网设备协议等。

2.1.1　互联网设备协议

(1) 互联网设备协议分类

互联网设备协议种类众多，完成的功能也不尽相同。总体上，互联网设备协议可以大致分为三类：

一是路由协议。根据路由协议作用的路由器类型，可以把路由协议分为外部网关协议(Exterior Gateway Protocol，EGP)和内部网关协议(Interior Gateway Protocol，IGP)。外部网关协议作用于自治系统边界路由器上。边界网关协议(BGP)是常见的外部网关协议。内部网关协议作用于自治系统内除边界路由器之外的其他路由器。常见的IGP 协议有：RIP 协议、RIPv6 协议、HELLO 协议、OSPFv2协议、OSPFv3 协议、IGRP 协议、EIGPR 协议、ISIS 协议和 MPLS 协议等。其中，IGRP 协议和 EIGRP 协议为思科公司的内部协议[19]。此外，因特网中由于特定的应用需求，需要专用路由器完成特定的路由功能。这些路由器也相应集成实现了特定的路由功能。例如，多播路由器实现了多播协议(IGMP、DVMRP、PIM-DM、PIM-SM、MBGP、MSDP、MOSPF 和 CBT 等)[20]。

二是管理控制协议。管理控制网络协议主要执行路由功能之外的其他专门职能，主要包括：回路避免功能，如STP 协议、RSTP 协议和 MSTP 协议等；链路聚合功能，如 LACP 协议；冗余网关功能，如 VRRP 协议等；数据链路动态交换功能，如 ARP 协议、NDP 协议等；网络管理功能，如 SNMP 协议等；安全认证授权计费功能，如RADIUS 协议；安全加密功能，如 IPSec 协议等[21]。

三是私有网络协议。私有网络协议是由特定公司或企业所开发的协议规范。私有网络协议的产生源于技术发展与行业标准的不同步。个别领先企业或公司由于技术的发展，行业的标准不再适用，需要制定一套自己的技术规范和标准以适应自身的产品要求。这些私有网络协议随着时间的推移，部分也慢慢发展成为了正式标准。从某种程度上来讲，私有网络协议促进了网络技术的发展和进步。常见的私有网络协议来自思科、华为、腾讯和谷歌等公司。其中，思科公司提出的私有网络协议有 CGMP 协议、RGMP 协议、PVST 协议、PVST+协议、RPVST+协议、MISTP 协议、PAgP 协议、HSRP 协议、CDR 协议、TACACS 协议、L2F 协议、DTP 协议、ISL&DISL 协议和 VTP 协议等。华为公司提出的私有网络协议有 RRPP 协议、SEP 协议、VGMP 协议、HGMP 协议和 HWTACACS 协议等。SRP 协议则是腾讯公司提出的。

　　网络协议的发展动态研究离不开 RFC(Request For Comments)文档。RFC 由美国加州大学洛杉矶分校(UCLA)的斯蒂芬·克拉克(Stephen D. Crocker)创建，是一系列以编号排定的，用于交流关于 Internet 协议研究和标准等新思想的技术文件。RFC 文档主要包含三方面内容：正式批准的标准和协议、对于网络标准或协议的建议、关于因特网的实用技术文章。RFC 文档收集了几乎所有的 Internet 的协议标准，全面反映了 Internet 研究、发展的过程。得益于 RFC 研究人员长期的工作积累，因此通过每个协议 RFC 标准的发展变化可以较为完整的还原刻画该协议的发展动态。以下分别按照上述分类标准列举部分典型协议。

(2) 典型路由协议

在 RFC 标准中,最早出现的路由协议是 RIP 协议,1988
年 6 月 IETF 形成了一个 RFC 草案(RFC1058)。它源于一个
名为路由守护神(routed daemon)的程序。这个程序最初由
UCLA 设计,目的是给局域网上的机器提供一致的选路和
可达信息。它在还没有正式标准之前就已经广泛流行了。
RFC 的发布解决了人们对协议细节理解有所不同而导致的问
题。1993 年,IETF 发布了 RIPv2 协议(RFC1388),使 RIP 协
议支持了无类别域间路由(Classless Inter-Domain Routing,
CIDR)和可变长子网掩码(Variable Length Subnetwork Mask,
VLSM);1994 年,新版 RIPv2 协议成为建议标准(RFC1723);
同年,RIP 协议进一步增加了对电路需求支持的扩展
(RFC1582);1997 年,RIP 协议增加对电路需求支持的触
发扩展(RFC2091)和对 MD5 认证的支持(RFC2082);同年,
RFC2080 和 RFC2081 提出了下一代 RIP 的理念,明确了为
IPv6 的设计和下一代 RIP 适用性说明;1998 年,RIPv2 协
议正式成为 RFC 标准(RFC2453);2000 年,RIP 协议在
RFC2992 中对等价多路径算法进行了分析[22]。

RIP 协议由于算法本身的问题,容易引入路由环路。
为了解决路由环路问题,RIP 协议引入了水平分割、抑制
时间和毒性逆转等改进方法,但却导致了路由计算复杂、
网络收敛较慢。OSPF 协议正是为了克服 RIP 协议缺点而开
发。OSPF 协议使用了 Dijkstra 提出的最短路径算法,具备
支持层次化系统、负载均衡、多种距离度量、异构网络和动
态自适应快速收敛等优点。OSPF 借鉴了 ISIS(Intermediate
System to Intermediate System)协议,并于 1989 年公开发表,

不受任何公司的控制。1998 年，OSPFv2 成为互联网标准协议(RFC2328)，但该版本只适用于 IPv4 网络。为了使 OSPF 协议在 IPv6 网络仍然有效，IETF 在 2008 年正式公布了 OSPFv3 国际标准(RFC 5340)。

EGP 协议最初的设计是为了通信可达性和 APPANET 的核心路由器。首个 EGP 协议的 RFC 规范于 1984 年提出。EGP 协议虽然是一种动态路由协议，但其不具备度量性，仅依靠可达性分类进行路由判断，更像是可达性协议而非路由协议。而且，EGP 协议要求自治系统(Autonomous System，AS)之间不能互联。因此，EGP 协议表现出了明显的缺陷。

BGP 协议作为 EGP 协议的替代品，弥补了 EGP 协议的不足。它最早于 1989 年提出。1995 年，RFC1771 提出了 BGP-4 协议，同年相继发布了 RFC1772、RFC1773 和 RFC1774，分别对 BGP 协议的应用做了说明，并对 BGP-4 协议进行了修正和解析。BGP-4 协议主要改进是增加了对 CIDR 的支持；1996 年，RFC1996 发布，其中对 BGP 协议的路由反射进行了论述；2000 年，BGP 协议的路由反射在 RFC2796 中成为因特网建议标准。同年，RFC2911、RFC2858 发布，针对 BGP-4 协议的路由刷新能力进行了说明，并对 BGP-4 协议进行多协议扩展；2001 年 RFC3065 提出了针对 BGP 协议的自治域系统联合概念[23]；2006 年，考虑到路由刷新时间对性能影响，在 RFC4271 中规定指定对等体在发送或者撤销路由过程中必须间隔最小路由播发间隔计时器(MinRoute Advertisement Interval Timer，MRAI)；2007 年，RFC4724 和 RFC4781 则讨论了 BGP 协议重启机制。

　　针对 BGP 协议的安全问题,美国国家标准与技术研究院、美国国土安全部和网络工程任务组使用开发一套新的 BGP 协议标准安全域内路由(Secure Inter-Domain Routing, SIDR)。SIDR 标准包括 3 个组件, 即资源公钥基础设施(RPKI)、BGP 源验证(BGP-OV)和 BGP 路径验证(BGP-PV)。而 2012 年发布的 RFC6480 和 2017 年发布的 RFC8205 正是与之相关的规范。BGP 协议支持内部邻居和外部邻居两种类型, 相应地有 IBGP 和 EBGP 两种类型。IBGP 是在同一个 AS 内交换 BGP 协议更新信息,EBGP 是在不同的 AS 之间交换路由信息。BGP 协议支持用户配置路由,利用无环路路由信息构建出自治区域拓扑图, 从而消除了路由环路。

　　IP 多播协议的产生则是由因特网络上日益增长的群组应用所推动和催生的。1988 年, D.Walzman 在其论文《距离向量组播路由协议》中提出 IP 多播的概念, 开启了多播技术的发展序幕。1991 年, S.E. Deering 发表的博士学位论文《数据报互联中的组播路由》为组播路由协议和体系结构的发展打下了坚实的基础, 也成为了互联网组管理协议(Internet Group Management Protocol, IGMP)原型; 1994 年, OSPF 协议的多播扩展版本 MOSPF 协议发布(RFC1584); 1996 年, ATM 组播网络支持协议发布(RFC2022); 1997 年, 有核树(CBTv2)组播路由体系结构发布(RFC2189); 1997 年, IGMPv2 成为国际标准(RFC2336)。

　　(3) 典型管理控制协议

　　链路聚合控制协议(Link Aggregation Control Protocol, LACP)实现的功能是将多条链路聚成一条带宽更大的链路。LACP 协议相关方包括本端和对端两种, 相互之间通过 LACP 协议数据报文进行周期性交互, 以保证链路状态及时更新。

虚拟网关冗余协议(Virtual Router Redundancy Protocol, VRRP)是为终端提供冗余网关服务。VRRP 协议将网络中的一组路由器组成一个虚拟路由器, 并向终端提供服务, 内部使用一定的优先级选择机制选择实际交互网关。优先级最高的网关获得 master 角色, 具体的选择机制可以定制。

地址解析协议(Address Resolution Protocol, ARP)工作在链路层, 属于 TCP/IP 协议簇的成员。它通过 ARP 请求报文和应答报文向用户提供 IP 地址和 MAC 地址转换的服务。请求节点和目标节点是否在同一网段影响着 ARP 协议解析的具体流程。

邻居发现协议(Neighbor Discovery Protocol, NDP)是 IPv6 协议结构下的一种协议, 实现了 ARP 协议的功能, 不仅可以实现地址解析, 而且可以发现网络邻居和各种网络参数。

简单网络管理协议(Simple Network Management Protocol, SNMP)的工作过程是管理站向管理代理发出请求, 管理代理解析请求并向其做出应答。管理代理一般内置于网络设备, 并支持 SNMP 协议。此外, SNMP 协议离不开管理信息库(Management Information Base, MIB)的支持。

远程认证拨号用户服务(Remote Authentication Dial In User Service, RADIUS)协议主要工作在认证服务器和远程接入服务器。RADIUS 协议实现的主要功能包括认证、授权、计费和配置等, 运行于 UDP 协议之上。

互联网安全协议(Internet Protocol Security, IPSec)目的是保证数据在网络上的安全传输。IPSec 协议包括验证包头(Authentication Header, AH)和封装安全包头(Encapsulating Security Payload, ESP)两个子协议。AH 协议提供整条报文的数据认证服务，ESP 协议提供数据加密服务。IPSec 协议提供隧道模式和传送模式两种工作模式，前者提供整个 IP 分组的保护，后者仅对载荷进行保护。

生成树协议(Spanning Tree Protocol, STP)是最早使用的路由回路避免协议。STP 协议是 Radia Perlman 发明的一种算法，后来被纳入了 IEEE 802.1d 中。STP 协议防止了交换机冗余链路产生的回路，却无法分担负载，而且延时较大。快速生成树协议(Rapid Spanning Tree Protocol, RSTP)的出现则解决了延时问题，2001 年被纳入 IEEE 802.1w 中。然而上述两种协议均未能有效解决负载分担的问题，于是产生了多生成树协议(Multiple Spanning Tree Protocol, MSTP)。MSTP 协议通过产生多个生成树，解决了负载分担问题，并被纳入了 IEEE 802.1s 标准。多实例生成树协议(Multiple Instances Spanning Tree Protocol, MISTP)与 MSTP 协议类似，它基于实例概念，把多个 VLAN 捆绑在一起[24,25]。

(4) 典型私有网络协议

思科公司针对 STP 协议无法分担负载问题，提出 PVST(Per-VLAN Spanning Tree)专有协议。与 STP 协议不同，PVST 协议为每个 VLAN 建立了一个生成树，分担了负载。PVST+协议则是 PVST 协议的改进版本。然而两个协议仍无法解决生成树协议延时问题。RPVST+协议则是在 PVST+协议和 RSTP 协议基础上产生的，可以为每个

VLAN 产生一个快速生成树实例，从而解决了延时问题。

内部网关路由协议(Interior Gateway Routing Protocol, IGRP)和增强型内部网关路由协议(Enhanced Interior Gateway Routing Protocol, EIGRP)是思科公司的专有路由协议。其中，IGRP 协议是思科公司在 20 世纪 80 年代中期设计的。IGRP 协议使用复合度量，支持用户配置尺度，而且支持多路径路由选择服务，相对 RIP 协议体现了一定的优势。20 世纪 90 年代，思科公司把 IGRP 协议增强为 EIGRP 协议，进一步提升了工作效率。目前，思科公司停止了对 IGRP 协议的支持，仅提供对 EIGRP 协议的支持。

HSRP(Hot Standby Router Protocol)是思科的热备份路由协议。它运行于 UDP 协议之上，端口号为 1985，主要具有三个功能：一是允许主机使用单路由器；二是特定情况下支持流量失败转移不出现混乱；三是在第一跳路由器使用失败的情况下仍能维护路由器的连通性。只要用以转发数据包的路由器出现故障，HSRP 将自动激活冗余路由器，从而维护了连接的持续性。

VTP(VLAN Trunk Protocol)协议是思科 VLAN 中继协议，主要用于控制网络内 VLANs 的添加、删除和重命名。VTP 协议的三个版本中，VTP1 和 VTP2 差别不大，主要差别是 VTP2 提供了对令牌环 VLANs 的支持。VTP3 则进行了较大的改进，例如提供了对扩展 VLANs 和专用 VLANs 的创建支持，还支持每端口配置和服务器认证功能，在数据库方面也实现了对传播 VLAN 数据库和其他数据库类型的支持[26]。

L2F(Layer Two Forwarding Protocol)作为思科的第二层转发协议，其作用是为企业和客户之间建立一条跨公用结构组织的安全隧道。TACACS(Terminal Access Controller Access-Control System)协议和 TACACS+协议是终端访问控制器控制系统协议，也是思科的协议。它们的主要功能是为路由器等网络相关设备提供访问控制服务的协议支持。协议支持独立的认证、计费和授权功能。

快速环网保护协议(Rapid Ring Protection Protocol, RRPP)不支持与其他制造商设备互通，且配置复杂，需要人为划分逻辑拓扑分出主环子环，不利于复杂网络的部署。为此，华为公司推出了一种专用于以太网链路层的环网协议，智能以太网保护协议(Smart Ethernet Protection, SEP)。该协议以 SEP 段为基本单位。所谓 SEP 段，就是由一组配置了相同的 SEP 段 ID 和控制 VLAN 且互连的二层交换设备群体构成。相比 RRPP，SEP 还具备以下三个方面的优势：首先，支持多种比较复杂的组网方式。例如，支持与 RSTP、RRPP、STP、MSTP 等协议，构成混合的网络。其次，支持网络拓扑查看，从而能快速地发现被阻塞的端口。这样就能为管理人员定位故障的具体位置提供支撑，从而提高了网络的可维护性。然后，支持多种端口的选择策略方式，因此可以实现灵活的负载均衡策略。最后，支持故障恢复后可以不回切，提供了更高的网络稳定性。

华为为了解决多个虚拟路由冗余协议(Virtual Router Redundancy Protocol, VRRP)备份组状态不一致的问题，设计了 VRRP 组管理协议(VRRP Group Management Protocol, VGMP)来实现对 VRRP 备份组的统一管理，确保了网络中多个 VRRP 备份组的状态一致性。VGMP 协议通过 VGMP 组来集中管理并监控各个 VRRP 备份组状态。具体来说，防火墙上所有的 VRRP 备份组都归入同一个 VGMP 组中，如果 VGMP 组监控发现其中某个 VRRP 备份组的状态发生变化，则会控制同组中的其他 VRRP 备份组逐一进行状态切换，从而保证各 VRRP 备份组的状态一致。双机热备协议(Huawei Redundancy Protocol, HRP)是通过 VGMP 承载的，可以在主备防火墙设备之间，备份关键的配置命令和会话表的当前状态信息[27]。

HGMP(Huawei Group Management Protocol)是华为的组管理私有协议。HGMP 协议主要实现组管理进程对其下代理进程的集中管理，并实现对二层多播组的集中控制。

腾讯公司根据 SDN 网络中控制和转发面分离，由中央控制器来进行智能调度和控制的特点，为互联网数据中心网络架构深度定制了 IDC 网络路由协议 SRP(Sequoia Routing Protocol)。根据腾讯网络平台部网络架构中心的研究报告，SRP 协议的技术优势在于：一是预先规划 IP 子网，对路由进行全方位匹配；二是在控制平面上动态操作静态路由，便于在不同的交换机平台快速实现和移植部署；三是为每台设备上的 IP 子网预置了可选的下一跳集合，避免了许多无效路由的计算；四是保留了 BGP/OSPF 中的邻居概念，用于传递消息；五是不同的运行模式分工明确。因此，SRP 协议能够精简并控制路由计算，简化开发和实现的流程，更加贴近网络运营，可以适应更大规模的网络。

(5) 互联网设备协议发展方向

互联网设备协议研究历史比较久远，协议技术的应用比较成熟。研究主要向更精细方向发展，总体趋势是在网络的多样性、安全性和可靠性指标上研究新方法新技术，以期进一步提高网络可用性。

第一，在多样化指标上，路由研究朝向应用定制路由发展，充分利用互联网上的冗余路由，为各种不同的应用提供多样化和个性化的路由服务，例如比较常见的服务质量路由(Quality of Service Routing，QoSR)。一方面，QoSR的求解属于NPC问题，需要借助优化算法寻求次优解，于是就会产生一系列的不同优化策略。另一方面，QoSR与网络的尽力而为(Best-effort)的单一服务模型存在根本的冲突，传统的网络在时延、可靠性方面无法保证，必须进行针对性的改良和重构，比如在调度策略和流量控制方面可以使用不同的方法，以达到特定的效果。

第二，在安全性指标上，通过分析现有网络协议的潜在安全漏洞以抵御网络拥塞、流量劫持等问题具有重要意义。这是因为现有网络协议可能存在潜在的安全漏洞，带来严重的安全威胁。例如，在传统域间路由协议BGP框架下，自治系统不能对BGP路由更新信息进行验证，导致攻击者可以有选择地窃听特定目标，或者与特定目标进行非正常通信，使得网络中消耗了大量的正常流量，也带来了广泛深远的安全问题。为了避免现有协议可能带来的潜在威胁，需要研究者加强分析现有协议的潜存漏洞，并进行针对性的改进，以避免可能的安全危机[28]。

第三，在可靠性指标上，主要研究在节点故障后，如何快速的恢复路由，使得节点故障对用户更加透明。考虑到稳定性需求，当前的网络路由协议一般都为单路径最优路由。这就带来潜在的可靠性问题。在单路径最优路由情况下，如果最优路径中的某个节点发生故障，必然就会造成路径的重新计算。网络恢复正常必然需要一定的反应时间，整个网络无法一直处于持续稳定互连的状态。网络的丢包率、用户的体验等方面相应都会受到一定的影响。因此，研究路由的快速恢复、多路径路由、负载均衡等机制，以提升网络可靠性同样是一个重要的方向。

2.1.2　物联网设备协议

(1) 物联网设备协议分类

随着网络技术的不断发展，在传统 IP 网络的基础上，出现了移动自组网、无线传感器网等新型网络。物联网络实质上是移动自组网和无线传感器网等新型网络的混合网络，具备了新型网络相应的特点。物联网的概念 2005 年才由 ITU 正式提出。虽然发展的时间较短，但是却出现了众多的协议。这是因为物联网和传统因特网在物理结构、节点特性等方面存在显著差异，导致了物联网设备协议与互联网设备协议有着根本的不同。所以，传统的 RIP、OSPF 等路由协议不再适用物联网设备，必须提出新的适应物联网的专门协议。以下按照新型网络的类型，简要梳理主要的协议。

移动自组网(MANET)是指节点具有移动性的 Ad-Hoc 网络。MANET 路由协议主要可以分为表驱动协议和按需驱动协议两类。表驱动协议又称先验式路由协议或主动式路由协议，常见的协议有 DSDV 协议、OLSR 协议、HSR 协议和 GSR 协议等；按需驱动协议又称反应式路由协议或被动式路由协议，常见的协议为 AODV 协议、DSR 协议和

TORA 协议等。还有个别协议混合了主动式和被动式优点的协议，如 ZRP 协议、IARP 协议。如果路由协议考虑了地理位置信息，在大型网络中将有更好的性能。这类协议有 GPS-DSR 协议、LAR 协议和 DREAM 协议等[29]。另外，还有一类路由协议突出了功能性的要求，如面向节能的路由协议 MTPR，面向 QoS 的路由协议 LS-QoS 等[30]。

无线传感器网络(WSN)本质也是一种自组网网络，但是与移动自组网在传输模型、资源受限程度、节点计算能力需求等方面，存在较大区别。无线传感器网络路由协议主要包括平面路由协议和分簇路由协议这两类。平面路由协议包括：Gossiping 协议、Flooding 协议、SPIN 协议、Rumor Routing 协议、DD 协议和 GPSR 协议等。分簇路由协议包括 LEACH 协议、LEACH-C 协议、LEACH-F 协议、PEGASIS 协议 (Power-Efficiency GAthering in Sensor Information System)、HEED 协议(Hybrid Energy-Efficient Distributed Clustering Approach)和 TEEN 协议等[31]；按照信宿数量可以分为单播协议和多播协议。常见的单播协议有 SSR 协议和 DD 协议，常见的多播协议有 SARP 协议和 Mobicast 协议。

(2) 典型 MANET 协议

目的节点序列距离矢量(Destination Sequenced Distance Vector, DSDV)协议是一种表驱动协议。它通过引入序号机制，保证了移动网络没有环路，这是传统路由距离矢量算法没有的优势。其次，DSDV 协议通过每个节点保存一张路由表，并通过路由表定期广播来保证网络的连通性。

优化的链路状态路由(Optimized Link State Routing,

OLSR)协议使用拓扑控制(Topology Control, TC)消息传播链路状态信息，每个节点使用该信息计算到各节点的下一跳地址，该协议的好处主要有：一是发现新路由没有延迟；二是路由开销不会随着创建的路由数量而增加；三是消息中可以携带超时信息和验证信息。

按需距离向量路由(Ad hoc On-demand Distance Vector, AODV)协议不仅可以实现单播路由而且也支持多播。AODV 协议是被动式协议，只有节点发起连接请求后，AODV 协议才正式工作。为了减少网络的开销，AODV 协议引入序号机制和超时机制，减少了网络中连接请求的数量。

区域路由协议(Zone Routing Protocol, ZRP)以区域概念进行界定，分域内和域间，使用不同的路由机制，即域内使用表驱动路由，域间使用按需路由。因此，ZRP 协议实质是一种混合路由协议。

(3) 典型 WSN 协议

Flooding 协议是一个洪泛路由算法，通过向邻接节点广播达到路由目的，如果是重复收到的分组，则做丢弃处理。其优点是传感器节点不需要维护网络拓扑信息，而且具有较高的可靠性[32]。缺点也很突出，即造成网络分组过多，容易使网络性能下降。

Gossiping 协议是随机选择邻近节点的路由算法。与Flooding 协议相比，其优点是可降低网络的数据包数量，协议实现较为简单。缺点是传输的时延较大。

定向扩散(Directed Diffusion, DD)协议是一种基于梯度扩散的路由传播协议，主要着力点是对转发节点选择的优化。算法实现包括兴趣扩散、建立梯度和路径强化三个部分。

低功耗自适应集簇分层型(Low Energy Adaptive Clustering Hierarchy, LEACH)协议是一种基于簇的层次路由算法。算法重复进行簇重构、簇首选举等流程，易于实现和扩展。簇首节点的选择有特定的算法，保证各节点相对公平地被选为簇首。LEACH 协议的工作过程通常包括簇首建立阶段和稳定运行阶段两个阶段。

贪婪无状态边界路由(Greedy Perimeter Stateless Routing, GPSR)协议利用贪婪转发算法计算节点距离，并许可节点向最近邻传送信息。节点需要记住单跳近邻的位置。GPSR 协议具有较好的性能。

(4) 物联网设备协议发展方向

与传统互联网相比，物联网络主要呈现出以下五个新型特征：一是在网络结构上具有广播特性，即节点通过无线传播，路由选择上不再受到有线链路的限制；二是节点的能量有限，在网络协议设计上需要考虑节能的目标；三是节点的缓存能力有限，也对网络协议设计提出了更高的要求；四是节点可能具有移动性；五是物联网络的节点数量更加庞大。物联网络设备协议未来发展趋势与物联网络呈现的新的特征密切相关。从总体上看，大致包括三个主要方向。

第一，针对物联网络的新型路由技术不断发展。传统互联网的节点之间通过有线连接，位置一般相对固定，路由算法计算比较简单。但是在物联网络中，节点位置动态移动和节点的加入退出都可能造成网络拓扑的改变，从而导致路由的变化。另外，物联网络节点能量有限、数量众多，同时节点位置的变化频率、时机都没有固定的规律，对路由算法提出了更大的挑战。由于存在这些显著的差异，传统的路由算法不再适用，需要不断研究针对物联网络的新型路由协议。其中重要的研究方向包括机会路由和智能路由协议。机会路由的关键技术包括单跳多候选中继和动态选择中继节点两个方面[32]。对于单跳多候选中继，需要解决的关键是候选中继之间的协调机制。对于动态选择中继节点，则需要解决最佳中继如何选出的问题。在智能路由方向，现在已有研究人员尝试引入蚁群、蜂群等优化算法对路由进行寻优[33]。由此可以想见未来将会有更多的智能优化技术应用到该领域当中。

第二，针对物联网络的安全相关研究将得到强化。物联网络的现实和潜在安全形势迫切需要加强安全问题的研究。一方面，很多物联网应用都需要强有力的保护和安全机制，如点对点应用、普适计算和数字货币等。以区块链技术为例，随着加密数字货币不断的增值，越来越多的人投入加密数字货币挖矿业，传统认为安全的区域链技术也不再安全。一个事实是利用僵尸网络进行比特币挖掘已经出现。另一方面，物联网上具有更大数量的实体设备，各类设备的安全防御参差不齐，黑客可以定位和攻击的目标更多，攻击的成功率也更高。由此，物联网络的安全问题更加严重、更加突出。因此，安全相关的研究也必然是物联网设备协议的重要研究方向[29,33]。

第三，多播技术也将会是物联网设备协议的重要发展方向。多播技术具备最小化链路带宽消耗、路由器处理时延低、传播时延低等优点，对政府、企业等组织具有实际的意义。因此，多播技术研究的动力十分明显。

2.2　路由器技术

2.2.1　路由器主要构成

经典的路由器是工作在 OSI 参考模型第三层——网络层的数据报文转发设备。路由器是用来连接两个或两个以上网络的中间系统。这些网络可以是同构的,也可以是异构的。尤其是在 20 世纪末，网络协议多样化时代，路由器的重要功能是实现多种网络协议互联互通。路由器具有判断报文的目的网络地址,根据策略进行路径选择的功能。路由器能够在多个网络互联环境中，建立灵活的连接，并根据报文中包含的网络层地址,以及路由器内部维护的路由转发表,决定报文的输出端口以及报文的下一跳地址,完成网络层的路由和报文转发任务。

路由器的分类方法有多种方法。综合考虑路由器在网络中作用和性能指标，可分为核心路由器、汇聚级路由器与接入级路由器。根据路由器的性能指标，路由器一般分为高端路由器、中端路由器和低端路由器。根据路由器的构成和组成结构，可分为模块化结构路由器和集成式结构路由器。根据功能通用程度，可分为通用路由器和专用路由器。

内部构成上，路由器一般分为三个平面，包括控制平面、数据平面和管理平面。该结构是一种控制平面分布处理、数据平面并行转发的网络设备体系结构。在 21 世纪初,这种结构比较少见，当前的高性能路由器基本都是类似这样的结构。

控制平面包括网络设备主控制 CPU 和控制网络。控制网络负责各个网络接口与主控制 CPU 的信息交换和通信。主控制 CPU 负责整个路由器对外的路由等控制信息、MIB 等管理信息的交互,对内负责整个路由器的协调与控制。整个路由器的软件系统经常被称为路由器操作系统,简称路由软件或者路由系统。一般包括路由协议、管理维护、路由表与转发表更新维护,以及管理维护等功能。上述功能由主控制 CPU 和数据平面内分布在各网络接口的 CPU,或者网络处理单元(Network Processing Unit,NPU)分布计算,协同完成。

数据平面包括网络接口处理部分和数据交换网络,接口处理部分组成上包括硬件逻辑、CPU 或者 NPU,功能上分为输入处理、转发处理和输出处理三个部分。从网络接口输入侧接收报文分组后,根据访问控制列表要求进行报文深度检测,再依据转发策略和查表分析,然后修改报文头部,再使用报文分组转发表,查找报文的输出端口,最后把报文通过内部数据交换网络,将报文交换到输出接口。输出接口处理部分根据管理策略,可能进行组播和广播的报文复制,或者直接进入排队,再输出到网络接口。

管理平面负责路由器的性能、故障、安全、计费和配置管理等功能。

从技术实现上,如图 2.1 所示,高性能路由器主要包括四个分系统:控制软件分系统、内部交换分系统、报文转发分系统和网络接口分系统。

控制软件分系统。如图 2.2 所示,主要包括硬件抽象层、基础操作系统内核、各类驱动软件、操作系统封装、各类基本协议、路由协议和管理协议等。一般也包括各企业自身提出并实现的私有协议。同时管理维护整个路由器

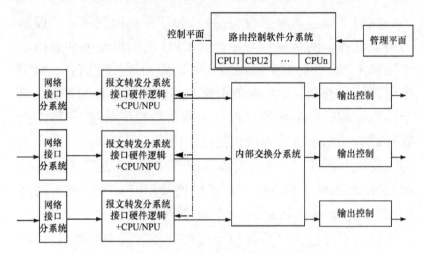

图 2.1 现代高性能路由器基本结构

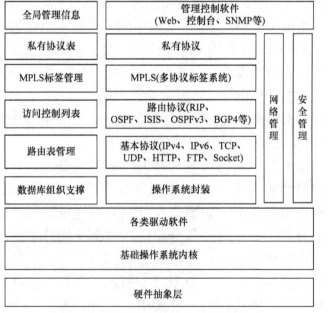

图 2.2 路由器控制软件分系统构成

对外的路由表、标签表等。这些表通过高效的实时数据库支撑，实现信息快速访问。路由表、标签表既是内部协同计算的结果，也是内部执行报文分组转发的依据。

内部交换分系统，经常被称为路由器 Fabric。路由器的交换结构是路由器的核心部件，对路由器的性能起到决定性作用。路由器交换结构的主要功能是将报文从一个端口交换到另一个端口并实现一定的数据统计功能。交换分系统的结构主要包括总线、交换矩阵、共享内存等结构。交换分系统的发展直接影响高性能路由器体系结构和性能的发展。我们可以在 2.2.2 节典型路由器体系结构，看到具体细节。

报文转发分系统。报文转发是路由器的根本任务，具体实现可以有多种形式，例如，网络接口线卡负责转发、独立的报文转发引擎、简单的主控 CPU 转发。转发根据一定的规则在转发表中查找需要的目的地址，当匹配到表项，将报文从表项对应的输出端口转发。目前，高性能路由器主要是使用独立的转发引擎实现报文转发。图 2.3 展示了转发的基本流程。

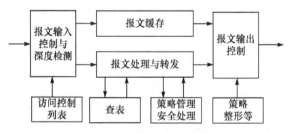

图 2.3　转发基本流程

网络接口分系统。路由器的网络接口连接计算机系统、交换机，或者其他路由器。其工作在网络的物理层和数据链路层，主要完成数据包的接收和发送工作。从路由器部署角度看，一般将连接运营商的端口称为广域网接口，而将连接用户内部的网络接口称为局域网接口。广域网网络接口主要以 POS 接口、帧中继、城域以太网等为主。随着 10Gbps、100Gbps、400Gbps 以太网发展，以太网也成为广域网的重要接口。除了网络接口速度不断提升，路由器的接口数量也在不断增加，为此路由器整机能力，也就是吞吐率在不断提升。

图 2.4 给出了网络接口线卡相关软件构成。接口线卡的软件包括基础操作系统、基本协议、报文查表转发、网管代理等。与主控软件的最大区别，网络接口线卡的软件主要管理和控制本地部件、报告本地的管理控制与维护信息、执行主控 CPU 分发的统一路由策略和管理策略等。

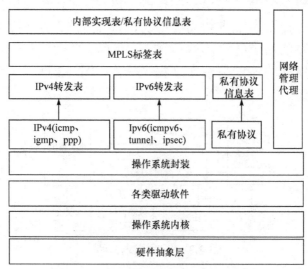

图 2.4　网络接口线卡相关软件构成

以上阐述的是路由器组成。三层交换机、负载均衡分流设备、多功能网络安全综合设备等的构成也类似。这些设备主要围绕特定功能，在路由器基础上进行部件与功能的裁剪和增加。

2.2.2 路由器体系结构发展历程

路由器体系结构主要指路由器的接口子系统、交换子系统、转发子系统的数量和子系统之间的组织方式。根据路由器如何实现数据报文转发的角度，路由器体系结构大致分为以下几类：共享 CPU 架构、共享转发引擎池架构、分布架构和集群架构[34]。

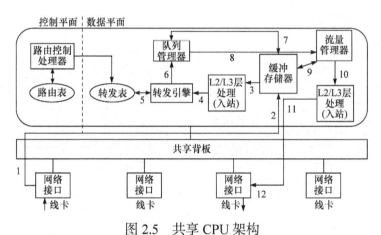

图 2.5 共享 CPU 架构

(1) 共享 CPU 架构

如图 2.5 所示，这是最原始的结构。该体系结构在计算机基础上构建。接口子系统是计算机上的网卡，所有线卡共享 CPU 以实现转发功能。每个线卡就是一块网卡，实现一个或者多个网络接口，以提供到外部链路的连接。交换子系统就是计算机的总线，转发子系统和软件子系统都由 CPU 处理。CPU 上运行实时操作系统，实现转发子系统的转发引擎、队列管理器、流量管理器、L2/L3 处理逻辑等功能。该 CPU 还负责软件子系统，集成路由协议、路由表维护和路由器管理功能等。

在共享 CPU 结构的后期，该结构将部分常用的路由信息表，采用高速缓存技术存储在接口线卡上，使得大多数输入报文能够直接通过接口线卡的高速缓存的路由表进行报文转发，从而减少对总线和 CPU 的请求。该结构仅需要对 Cache 中找不到的报文送交 CPU 处理，从而提高 CPU 的报文处理能力。

(2) 共享转发引擎池架构

如图 2.6 所示，这种结构的接口子系统是独立线卡，

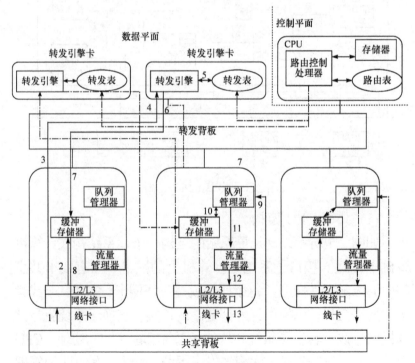

图 2.6　共享转发引擎池架构

完成接口、缓冲管理、队列管理等功能。交换子系统没有限定，有时被称为转发背板。为了提高转发能力，转发子系统采用多个转发引擎，构成转发引擎池。各个接口子系统将需要转发的数据包交给转发引擎池处理。每个转发引擎卡都包含一个专用处理器和存储转发表及报文的内存，其中处理器执行路由查找等转发软件。

(3) 分布架构

分布架构是目前常见架构。如图 2.7 所示，在上述架构基础上，每个接口子系统对应一个转发子系统，接口子系统与转发子系统构成配对的关系，为此也将它们的承载

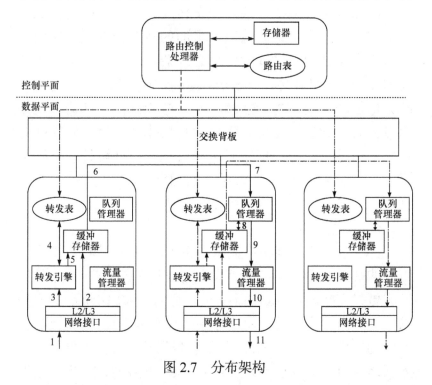

图2.7　分布架构

体称为业务板。由于转发能力提升，一般交换子系统需要采用高性能的 CLOS 结构或者交叉矩阵结构。软件子系统由 CPU 处理。

分布架构可以分为两个阶段。第一阶段：CPU 的报文分布转发与处理。将路由控制与报文转发功能分离，由主控制器负责路由器的路由收集、路由计算等，并将计算出的路由信息表和转发表信息下发到各接口线卡，而各接口线卡(包括接口子系统和转发引擎)的 CPU 则根据保存的路由转发表独立地进行路由转发。在 20 世纪 90 年代中期，Internet 骨干主流设备都采用此类结构。

第二阶段：网络处理器分布转发。这个阶段的变化主要出现在转发子系统。在数据平面的转发处理上，采用专为网络报文处理而设计的网络处理器技术，具有可编程的处理能力。网络处理器(Network Processor，NP)的主要组成部分包括若干个微处理器核心和一些硬件协处理器。在处理报文时，微处理器可以完成并行操作并通过控制软件对各个网络处理器的处理流程进行协调。硬件协处理器则主要用于完成对一些复杂和耗时的网络操作(如路由表查找算法和 QoS 拥塞控制算法等)的处理。

(4) 集群架构

为了进一步提高接口数量和系统的总吞吐量，可以将路由器的端口按照一定结构形式互连，构造层次式互连，从而形成更强交换能力的路由器，通常称为集群路由器。此方法以独立路由器为基础，使用专用的线卡或者标准网络线卡，连接到交换机柜，如图 2.8 所示。根据路由查找的结果，进入网络接口的数据包可以发往同一机架中的线卡，也可能发往不同机架中的线卡。在后一种情况下,必须通过先将其发送到交换核心,由交换机柜转发该数据包。数据包到达对应路由器后,将通过相应的出口线卡转发处理。

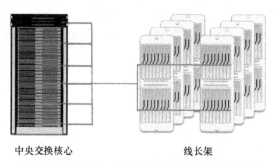

中央交换核心   线长架

图 2.8 带中央交换核心的集群架构实例

2.2.3 路由器技术研究进展

路由器技术包括内部交换结构技术、高速硬件接口技术、转发加速技术、路由协议技术、协议软件技术、路由表高速查找技术,服务质量保证及安全技术等。本部分主要介绍以下四种技术实现。

(1) 内部交换结构技术

路由器的内部交换结构,简称交换结构,是路由器的核心部件,对路由器的性能起到决定性作用。交换结构的主要功能是将报文从一个端口交换到另一个端口并实现一定的数据统计功能。早期的低端路由器一般采用总线结构。目前最广泛使用的交换结构一般是 CLOS 网络结构、交叉矩阵结构、共享内存结构等。

CLOS 结构是目前高密度网络设备常用的结构,具有无阻塞的特性,性能高,成本也比较高。CLOS 结构的基本思想是采用多个较小规模的交换单元,按照某种连接方式连接起来形成多级交换结构。CLOS 构造了 $N \times N$ 的无阻塞交换网络，并指出采用对于较大的 N，能设计出一种无阻塞结构，其交叉点数增长的速度小于 $N^{(1+\varepsilon)}$。也就是说，使用 CLOS 结构，既可以适度减少交叉点数，又可以做到无阻塞。图 2.9 是一种三级 CLOS 结构，第一列和第三列采用 $n \times m$ 基本交换单元，有 n 个输入，m 个输出，m 大于等于 n。中间采用 $r \times r$ 的交换结构。

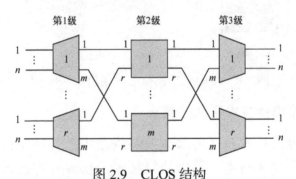

图 2.9　CLOS 结构

共享总线交换是最早的交换结构。该结构中的总线仲裁器通过轮询等方式将总线分配给两个模块从而实现两个模块之间的分组传送。这两个模块可以是 CPU 和端口，或者两个端口。由于总线是共享的，共享总线交换的主要不足是路由器的交换能力受限于共享总线的带宽。

共享内存结构利用一大块共享的内存实现报文的交换。接收端口收到分组后将分组写到内存特定位置，发送端口从该位置将分组读出。共享内存结构的速度取决于内存的大小、访存速度等因素。同时，交换能力还取决于算法的好坏，利用更优的 HASH 算法可以在内存中实现均匀的写分组，从而降低冲突提高内存利用率。

交换矩阵结构是对共享总线的改进。交换矩阵利用多条可用的交换路径，将输入和输出端口连接起来，消除了共享总线只有一条路径带来的带宽限制。最典型的交换矩阵是 crossbar，即交叉开关。由于 crossbar 可以在支持多个报文的同时利用不同的通道进行传送，从而可以极大提高系统的吞吐率。crossbar 交换结构通常利用调度算法，在每个周期选择新的 crossbar 配置，实现一种行与列连接的配置，从而实现队列调度。

早期的 crossbar 设计采用无缓冲 crossbar，调度器必须找到输入和输出之间的匹配，而且不能超额匹配。但是，这往往会导致非常复杂的调度算法。因此，研究者提出缓冲交叉开关(buffered crossbar)[35]，其利用缓冲使得调度器的工作更加简单。缓冲交叉开关能够将操作分布于每个输入和输出之间，因此不再需要一个单一的集中化的调度器。它能够管道化地高效率工作，使得缓冲交叉开关适用于更高性能的路由器。

(2) IP 路由表高速查找技术

IP 路由表查找是路由器的基本功能。在路由器中，为了实现报文分组转发，需要两个表。第一个是每个路由协议根据网络链路连通状态和路由策略，计算得到路由协议内部的路由表，它的变化是最快的。另一个是根据配置策略，将多个路由协议的路由表，例如 BGP、OSPF、RIP 路由表，综合出来的路由转发表。路由转发表存储着指向特定网络地址的具体路径、路由度量值等参数。路由查找是路由器的一项基本功能，通过路由查找，为报文找到下一跳和输出端口。对 IP 路由表的研究主要集中于路由表的高速查找技术。随着网络流量的增加，网络核心路由器中的峰值流量大小可达到数百 Gbps 甚至更高，伴随着 IP 路由表规模的增长，对 IP 路由表查找技术的性能也提出了更高的需求。

为了提高高速的 IP 路由表查找能力，一种方案是利用三元内容可寻址存储器(Ternary Content Addressable Memory, TCAM)，这也是目前因特网核心路由器中通常使用的方法。这种方法可以利用 TCAM 的快速查找能力，实现高速的路由表查找。但这种方法也存在一些问题：第一个问题，TCAM 在功耗和发热方面存在问题。第二个问题，由于虚拟化网络功能目前在没有 TCAM 的软件中实现，网络功能虚拟化(NFV)的出现可能使 TCAM 的使用变得不适用。

另一种方案是基于通用计算机来实现高效的软件路由器。但是，IP 路由表查找长期以来都是基于通用设备实现软件路由器的性能瓶颈。这主要是因为以下几个挑战：一是路由表的大小持续增长；二是需要"最长前缀匹配"这一计算密集操作；三是高速网络接口需要高速的 IP 查找。

为了突破路由表查找对于软件路由器的性能瓶颈，一种方法是利用专用硬件来实现快速路由表查找，如 FPGA 和 GPU。另一种方法是利用纯软件算法，基于通用 CPU 进行设计。这种方法主要致力于设计高效的路由表数据结构以及查找算法。但是，这些方法依然不能提供很好的性能或者合理的管理开销。

最近的一些方法主要通过减少 IP 路由表数据结构的内存访问来提高查找性能。Retvari[36]等提出转发信息表

(Forwarding Information Base，FIB)的压缩算法来充分利用数据缓存。但是更小的 FIB 表不能总是得到较高的查找性能。DXR[37]通过利用缓存效率来实现较高的查找率。DXR 将路由表的前缀转化为地址数组，并基于关键地址利用二分查找搜索数组。这种方法的瓶颈在于更长前缀的二叉树搜索。SAIL[38]通过将路由表查找的步骤分为三个级别来减少查找算法的内存访问。但是，SAIL 的性能依赖于网络流量特征中目的 IP 地址位置，且不支持路由表增长。Poptrie[39]基于多路单词查找树(multiway trie)来实现高速可扩展的软件路由查找。它利用位向量目录的计数指令来压缩 CPU 缓存中的数据结构。

(3) 转发子系统加速技术

转发子系统负责报文的分类、过滤、查表、修改、缓冲和调度。转发子系统通常位于接口子系统与交换网络之间。随着网络接口性能的提高，对高速数据包处理的需求越来越强，对高速转发引擎也提出了更高的需求。

转发子系统的加速技术分为硬件加速和软件加速。

硬件加速技术实现方式有三种，基于网络处理器(NP)的方案、基于 ASIC/FPGA 的方案和基于图形处理器(GPU)的方案。

网络处理器(NP)是一种可编程的、专为报文转发而设计的专用芯片。一般 NP 由多个微处理器和一些硬件协处理器组成。网络控制软件负责控制多个微处理器如何高效并行地协同处理报文。硬件协处理器完成一些复杂的操作，从而提高处理性能。NP 的这种架构，综合考虑了业务灵活性、处理的性能和合理的实现成本等。NP 相较于 CPU 和

ASIC 有一定的优势。NP 的详细介绍请参考 2.5 节。

基于 ASIC/FPGA 的方案中，利用专用可编程器件实现路由器转发子系统。随着集成度的大规模提高，基本可以将所有逻辑均定制到 ASIC 芯片中。相比较而言，ASIC 实现与 FPGA 实现转发子系统没有本质区别，FPGA 更适合小批量试生产，ASIC 更适用大批量生产。最新的基于 FPGA 高速转发引擎主要包括 GRIP，SwitchBlade，Chimpp 等。

基于图形处理器(GPU)的硬件加速技术目前采用的比较少，但研究者们也已提出了一些实现方案，主要包括 Snap，PacketShader，APUNet[40]，GASPP 等。目前实验证实利用 GPU 提升报文转发能力的空间非常有限，原因是 GPU 是计算密集型，而报文处理是数据密集型工作。

基于通用 CPU 的软件加速技术：在基于通用 CPU 的软件加速技术中，传统网络协议栈的架构设计给转发带来普遍较高的性能开销，极大地限制了强大的硬件性能。现代操作系统中，在线路和应用之间移动数据包所需的时间，大约是通过万兆接口发送数据包所需时间的 10～20 倍。因此，转发引擎的加速成为高速软件路由器设计非常重要的部分。

数据平面开发套件(Data Plane Development Kit，DPDK)是一种典型的软件路由器的加速技术，其运用的技术主要有用户态、零拷贝、批处理等。这些方法使得不同用户空间的 I/O 框架，可以绕过标准的通用内核协议栈，并通过单个系统调用获取一批原始数据包，从而加快分组处理速度。它还增加了对最新的网卡功能的支持，例如多队列。除此之外，RouterBricks，Netmap，NetSlice，PF_RING 等也使用了类似的加速技术[41]。

此外，最近有一些开源项目包含了转发加速技术最新的研究成果，如 FD.io，OpenFastPath(OPF)等。FD.io 是 Linux 基金会下的开源项目，成立于 2016 年。该项目在通用硬件平台上提供了具有灵活性、可扩展性、组件化等特点的高性能 I/O 服务框架。该框架支持高吞吐量、低延迟、高资源利用率的用户空间 I/O 服务，并可以适用于多种硬件架构和部署环境。此外，OPF 项目由 Enea、Nokia、ARM 共同成立，它提供了开源的、基于用户空间的、快速通道 TCP/IP 协议栈，可被部署于各类硬件架构。

(4) 服务质量保障

Internet 只提供尽力转发服务，在网络层公平地提供给各种业务。尽力转发机制使得网络层无法保证传输的质量，但是质量对应用业务十分关键。衡量服务质量的参数，主要包括丢包率、带宽、端到端延迟、延迟抖动等。例如，多媒体业务的时延比丢包率更加重要，VoIP 技术需要控制端到端延迟。这就要求网络能够对各种业务区别对待。具体来讲，QoS 保障能力是指计算机网络是否能为各类网络应用提供其所需的网络服务的能力。QoS 保障的首要目标是根据 QoS 参数，提供满足这些参数要求的服务质量。

为了使网络具有较高的 QoS 保障能力，IETF 已经标准化了很多服务模型和机制，包括：集成服务(Integrated services，IntServ)/资源预留模型(IntServ/RSVP)、区分服务模型(Differentiated Services，DiffServ)、约束路由和 MPLS 流量工程等。其中 IntServ/RSVP 和 DiffServ 的技术体系比较完整，下面主要对这两种模型进行介绍。

IntServ/RSVP 模型所使用的资源预留协议是一种信令协议。简单来讲，端用户可以通过 IntServ/RSVP 模型向网络请求特殊服务质量要求的缓存和带宽；中间节点则可以通过 RSVP 信令在数据传输通路上建立起资源预留并维护该通路，从而为 QoS 提供保证。IntServ/RSVP 模型主要有以下优点：①能够提供有保证的 QoS，②在源和目的之间可以使用现有的路由协议决定流通路，③支持单个源对应多个目的的 QoS 服务。但是，该模型也存在不少缺点：①对现有路由器的改造非常复杂，②只支持单个微流，③扩展性差，大流量时需要占用大量路由器存储空间和处理开销。

DiffServ 模型对资源的要求没有这么严格，它提出了一种简单的较为粗糙的方法来对不同的业务进行分类。DiffServ 实现了基于优先级的模型，并根据报文希望的服务类型标记报文，赋予不同的优先级。根据这些标记，路由器利用多种排队策略来实现期望的性能。对于 QoS 要求较高的数据流则分配较高的优先级，反之则分配较低的优先级。需要注意的是，这种模型不能够确保数据流所希望的网络资源。DiffServ 模型主要有以下优点：①扩展性好，②便于实现，③不影响路由，仅涉及队列调度和缓冲管理。当然 DiffServ 模型尚未解决的最大问题是如何向用户提供有数量等级区别的不同性能服务，同时还存在多播实现复杂以及同一流聚集中的微流的公平性问题。

由上述分析可以看到，DiffServ 模型和 IntServ 模型各有利弊，单纯的靠单一机制并不能提供 QoS 保障的全面解决方案。有一部分工作通过将这两者结合来提供端到端的 QoS 保证。基本思想是在网络边缘使用 IntServ 而在网络核心使用 DiffServ。端设备提出明确的预留资源的 RSVP 请求，之后由骨干网入口节点将此请求与 DiffServ 服务级别进行映射，从而使 DiffServ 和 IntServ 优势互补，提供 QoS 保证。

2.2.4 路由器的技术发展趋势

随着网络流量的持续增长及业务需求的多样化，路由器发展主要呈现出以下几个发展趋势：

(1) 高性能

网络流量的增长对高性能路由器提出了更高的要求。从最初的 M 比特路由器到 G 比特路由器，到现在的 T 比特路由器。可以预见，不久就将会有 P 比特路由器的需求，主流厂商或研究机构例如思科、Juniper、华为、烽火、国防科大等，都推出 T 比特路由交换产品。同时，未来发展的高性能，不仅指报文转发速度的高性能，还需要包括应用的高性能以及服务质量保障的高品质。

(2) 软件化(虚拟化)

为了满足多样化的应用需求环境，新一代路由器需要支持更加全面的功能，除处理报文路由的核心功能外，还需要支持 MPLS、安全、IPv6、QoS、VPN、组播和宽带接入等功能。同时为了满足快速部署等需求，甚至需要将防火墙、入侵检测、语音网关等功能进一步融合和集成。为此，以软件定义网络(SDN)和网络功能虚拟化(NFV)为基础，构建软件化平台，设计更加优化的软硬件架构，使得各种业务既得到高效融合，又具有扩展能力成为重要趋势。

(3) 智能化

随着人工智能的发展，新一代路由器必然会更加智能化，从而具备更加智能化和灵活的业务感知和处理能力。

在业务部署的灵活性方面，要求路由器可以根据不同的应用环境，灵活地进行功能模块和软件能力的组合，并根据外部需求的变化，再开展灵活的调整和适应。在业务感知的灵活性方面，则要求智能路由器能够实时感知网络业务和网络流量的变化，并生成相应的智能 QoS 策略。在网络安全感知方面，能够根据感知的潜在威胁，及时调整网络的安全防护策略。此外，在路由器的各种算法(例如路由策略算法)中，将全面引入人工智能算法以提高这些算法的性能。

(4) 高安全

网络安全问题的不断升级对路由器的安全能力也提出了更高的需求。除了路由器本身的重要部件的安全性，例如路由器内部 CPU、NPU、基础软件、协议软件安全，以及路由器整机系统级安全外，新一代路由器在管理、控制和数据平面的安全也需要重点关注。管理平面方面，应该在访问控制、管理信息审计、管理信息验证、管理信息保密性、完整性、私密性等方面提供保障；控制平面方面，应在控制信息的访问控制、消息验证、控制的保密性、完整性和私密性，以及控制信息安全等提供安全保障；数据平面方面，应该确保授权用户的数据流量不会产生攻击行为，也尽可能使得用户免受攻击的影响。

2.3　交换机技术

交换机是计算机网络中重要的互连设备，传统交换机工作在 OSI 模型的第二层，后来逐步涉及更上层的功能。交换机技术的发展可以分为端口交换、帧交换和三层交换等阶段。端口交换机，也经常称之为 HUB，是多端口网桥的直接演进结果，这种交换主要工作在 OSI 第一层，也就是物理层，没有改变共享传输介质的特点，因此算不上交换，只是信号接收与信号再生成。HUB 的价格便宜，但性能低。这种产品形态在市场上的时间不长。作为应用最广的局域网交换技术，帧交换一直沿用到今天。其主要特点是对传统传输介质进行分段以实现多路并行传送机制。通过这种处理可以有效减少网络冲突域以获得高带宽。第三层交换技术也称为 IP 交换技术，它将第二层交换技术和第三层转发技术进行了有机结合。虽然三层交换机与路由器都具有路由转发功能，但二者适用范围和功能侧重点各有不同，在实际使用中并不会相互替代。此外，还有可以处理传输层协议，以及具有识别和处理应用层数据的七层交换机。

当前阶段，以太网是最普遍的网络技术，帧中继、ATM 等纷纷退出市场。局域网里绝大多数采用以太网系列的技术，速度从 100Mbps、1Gbps 到 100Gbps 都有，根据需要选择。因此现在局域网交换机，绝大多数都是以太网交换机。以太网交换机的技术基本浓缩为芯片，为此现在的交换机也基本上都是单芯片交换机。部分特殊新出现的网络技术，如 Infiniband 技术等，主要在数据中心中使用，或者作为集群计算机系统的内部互连技术，这些内容将在数据中心网络中阐述。

2.3.1　以太网交换机

1976 年，罗伯特·梅兰克顿·梅特卡夫(Robert Melancton Metcalf)和大卫·里夫斯·博格斯(David Reeves Boggs)发表了论文 *Ethernet: Distributed Packet Switching for Local Computer Networks*[42]，正式定义了以太网及其包交换机制，此后，梅

特卡夫致力于推动以太网的发展。1980 年，美国的 DEC 公司、英特尔公司和施乐公司，共同组成 DIX 联盟，集体发布了以太网标准，速度为 10 Mbps。以太网标准是世界上首个开放的、面向多供应商的局域网标准[43]。此后，随着双绞线技术和电子技术的发展，以太网交换技术发展迅速：1995 年 IEEE 正式发布了 100Mbps 的快速以太网(Fast Ethernet)标准(IEEE802.3u)，快速以太网可以同时支持 10 Mbps 和 100Mbps 的速率；1997 年 IEEE 发布了 1Gbps 速率的 G 比特以太网标准(IEEE802.3z 和 IEEE802.3ab)，G 比特以太网较快速以太网速率提高了十倍，允许全双工和半双工(使用 CSMA/CD 协议)两种工作方式，与 10 Mbps 和 100 Mbps 以太网使用同样的帧格式，同时向后兼容 10 Mbps 以太网和 100 Mbps 以太网；IEEE 于 2002 年、2004 年和 2006 年陆续正式通过了 10Gbps 速率的以太网标准(分别为 IEEE 802.3ae、IEEE 802.3ak 和 IEEE 802.3an)，10 Gbps 的以太网只工作在全双工模式，不存在冲突问题，因此传输距离得以大大提高；2010 年 40 Gbps 和 100 Gbps 以太网标准(IEEE 802.3ba)发布，40/100 Gbps 以太网仅支持全双工方式连接，该标准一般用于解决目前数据中心和运营商网络等流量密集高性能计算环境中的高宽带需求。

2.3.2　可编程交换机

当前，大多数物理网络系统正在被运行在网络核心和边缘服务器上的虚拟网络功能(VNF)取代。这些服务器一般采用通用处理器或多核处理器，具有硬件加速的安全性和包处理能力。完全可编程交换芯片被认为有望取代固定功能的硬件交换机。目前运营商和服务提供商对支持高吞吐量数据包处理的可编程交换机和多核处理器的需求越来越大，设备开发商和芯片供应商都在响应这些需求。可编程交换技术可以从系统层面和软硬件层面进行分类：

(1) 系统层面：可编程交换机技术在系统层面上，可分为控制层和数据层。其中，控制层主要负责网络整体的运转控制。传统上，控制层需要大量的操作规范来控制设备级的行为。现在的交换机控制层越来越往更高端的抽象寓意发展，如 Pyretic/Frenetic，Maple，Kinetic，NetEgg 等。而数据层则是网络控制层共同管理的包处理逻辑的集成。换句话说，数据层存储着用户的数据以及数据的状态，并将这些发送给控制层进行处理。

(2) 软件交换机和基于硬件的交换机：由于要处理每个被设备接收的包，交换机的数据层需要有很高的数据处理能力，因此需要专门的软硬件来处理。硬件上，数据层可能被部署在 ASIC 或者网络处理器上，而软件交换机则要在商用 CPU 上运行整个包处理的逻辑，处理速度更多的是基于包分类的算法和数据存储的结构。

2.3.3　交换机技术发展趋势

(1) 以太网交换机的技术发展趋势

以太网交换机多数采用单芯片方案，具有成本低、实现简单、部署灵活、互操作性好等优点，使得以太网发展迅速，工作范围从局域网扩大到广域网，速率从 10 Mbps 增加到 100 Gbps。随着整个网络规模的不断扩大，网络应用不断丰富，更高速率的以太网交换机技术也在不断研制，200 Gbps 和 400 Gbps 的以太网标准于 2017 年年底正式获得批准，相信随着交换机相关技术的不断发展，更高速率的以太网技术将会不断涌现。

(2) 数据中心网络交换机的技术发展趋势

关于数据中心网络及其交换技术将在第 3 章进行具体的介绍。在这里，我们也对数据中心网络交换技术的发展趋势进行简要的分析。数据中心是支持云计算、大数据的重要基础设施，数据中心网络是数据中心的核心技术。随着移动互联网、物联网等新兴产业的蓬勃发展，数据中心网络规模不断扩大，如何设计和实现适用于更大规模数据中心的组网技术、网络架构是学术界和工业界共同关注的焦点。在数据中心组网方面，随着 SDN/NFV 技术的日趋成熟，基于 SDN/NFV 的数据中心组网方案研究逐渐得到了人们的关注。在数据中心网络架构方面，如何设计更高效节能的光电互连、全光互连架构也是目前该领域的研究热点。可以看到，在数据中心网络发展过程中，以太网等传统计算机网络交换技术，极大地推进了数据中心网络的部署和实现，而数据中心网络技术的发展和研究，亦可极大地推动计算机网络交换技术的发展。

(3) 可编程交换机的技术发展趋势

可编程技术为 SDN/NFV 技术提供了重要的支撑。用户通过计算机指令来选择不同的通道和不同的电路，对芯片的硬件单元进行控制。在可编程交换机上，单个商品服务器刀片可以实现几十 Gbps 的转发吞吐量。可编程交换机通过对硬件单元进行重新编程，可以满足不同用户的需求，具有更强的灵活性和适应性。然而与传统交换机相比，可编程交换机技术仍然存在着 API 不统一、表达模型不够简洁的问题。相信随着可编程技术的不断发展，更高效的可编程交换机技术一定会不断地涌现。

2.4　网络操作系统技术

网络操作系统是网络设备的软件系统的总称，有时也称为路由器操作系统。路由器操作系统与终端操作系统有类似之处，都为用户与底层设备提供了一个交互平台。路由器操作系统负责管理的主要是路由器和交换机等设备，实现路由器之间路由等信息的交互，达到全网路由信息一致性，并向用户提供系统管理、协议转换、路由转发及其他网络安全相关服务。

2.4.1　路由器操作系统分类

随着网络技术的高速发展，路由器的型号和种类越来越多，因此路由器操作系统也不断发展起来，种类也是日渐丰富。实际上，路由器操作系统的发展是紧跟路由器硬件平台的发展。根据路由器操作系统的产生方式，可以大致将路由器操作系统分为三种类型。

第一类是厂家专属路由操作系统，即各网络设备商针对自己的产品开发的路由器操作系统。如思科公司的 IOS、瞻博公司的 JUNOS、华为公司的通用路由平台(Versatile Routing Platform，VRP)、MikroTik 公司的 RouterOS 和合勤科技公司的 ZyNOS 等，另有大量未公开的小公司操作系统[44]。

第二类是厂家定制路由操作系统。定制操作系统通常是在基础版本上进行的二次开发，主要包括：一是操作系统厂家推出的 Linux 微控制器版本，例如 Lineo 公司推出的 Uclinux、Redhat 推出的 Ecos 系统等；二是某些企业或

者组织的开源项目，如 Arista EOS、FTOS、Open-WRT 和
DD-WRT 等；三是个别厂家开发的非开源可定制操作系统，
如 VxWorks。该操作系统一般需要向厂家进行购买版权才
能使用。

第三类是软件路由器操作系统，即指可实现类 PC 设
备模拟路由器的操作系统，有时也称软路由。如 Vyatta、
Untangle、ClearOS、ZeroShell 和 Endian 等[45]。这种系统
一般是基于 Linux 或者 CentOS 系统，结合不同的底层硬件
平台和功能需求，完成了不同程度的定制。其最主要的特
点是支持软件路由，但又不局限于此。当前主流的路由器
操作系统如表 2.1 所示。

表 2.1　主流路由器操作系统

系统名称	专属	OS family	最新版本	硬件平台	开发者	配置方式
Cisco IOS	是	自研	15.8(3)M[1]/2019.01.22	思科路由器和交换机	思科	CLI
VRP	是	自研	VRP 8.X	华为路由器和交换机	华为	CLI
JUNOS	是	FreeBSD, Linux	19.2R1[1]/2019.01.27	瞻博网络设备	瞻博	CLI
RouterOS	是	Linux	RouterOS v6	MikroTik RouterBoard 路由器	MikroTik	CLI
ZyNOS	是	自研	ZyNOS v4.0	合勤科技公司网络设备	合勤科技	CLI, WebUIs
Arista EOS	否	Linux	动态更新	Arista 设备、虚拟机	阿里斯塔网络	CLI
Cumulus Linux	否	Linux	Cumulus Linux 4.0	符合一定规范硬件，来自多个产商	Cumulus Networks	NA

续表

系统名称	专属	OS family	最新版本	硬件平台	开发者	配置方式
ExtremeX OS	否	Unix-like	16.1.3.6 Patch4,2016.05.05	极进网络交换机	极进网络	CLI
FTOS	否	NetBSD	动态更新	Force10 交换机	DELL Force10	CLI
DD-WRT	否	Linux	论坛不断更新测试版	路由器产品	Sebastian Gottschall/ NewMedia-NET	NA
LEDE	否	Linux	2017年6月与 Open-WRT 合并	ARC,ARM, m68k,IPS, PowerPC, SPARC, SuperH,x86, x86-64 平台	LEDE 社区	CLI, WebUIs
Open-WRT	否	Linux	19.07.0-rc2/ 2019.11.30	ARC,ARM, m68k,IPS, PowerPC, SPARC, SuperH,x86, x86-64 平台	Open-WRT 社区	CLI, WebUIs
PfSense	否	FreeBSD	2.4.4-RELEA SE-p3	32-bit; 64-bit Intel/AMD	Rubicon Communicat-ions, LLC	WebUIs
VxWorks	否	RTOS	VxWorks 6.1	x86、 SPARC、 MIPS 嵌入式硬件平台	风河公司	NA
Uclinux	否	Linux	动态更新	路由器、嵌入式设备	Lineo 公司	NA

续表

系统 名称	专属	OS family	最新 版本	硬件平台	开发者	配置 方式
Ecos	否	RTOS	动态更新	UNPLUS, SPCE、ARM、 CalmRISC、 FR-V、 Hitachi H8、 IA-32 等硬件平台	Cygnus Solutions/ Redhat	NA
Vyatta	否	Debian	Vyatta 6.6	x86-64 平台	Vyatta (AT&T 子公司)	CLI, WebUIs
ZeroShell	否	Unix-like	ZeroShell 3.9.3	IA-32, ARM 平台	Fulvio Ricciardi	WebUIs

2.4.2　典型厂家专属操作系统

根据路由器生产商的实力，厂家专属路由器操作系统的发展一般呈现两种态势：一是大企业发展专用路由器操作系统；二是小型公司通过对开源微控制器操作系统的修改和重构或者通过购买优秀嵌入式操作系统的版本进行个性定制，从而形成自己产品的固件。以下简要介绍一些知名的专属路由器操作系统的基本情况。

(1) IOS 即思科公司的国际操作系统，可以支持用户以命令行的交互方式对系统、网络协议和功能等进行个性化设置[46]。IOS 具备以下三种显著的特点。

首先，IOS 是高度模块化。IOS 由许多组件和子系统组成。每个子系统或组件是一个独立的模块，并被设计成层集，提供了系统代码独立入口。这种特性使得 IOS 从最初的路由器操作系统逐渐发展到支持局域网和 ATM 交换机。该操作系统已然成为思科公司特有的竞争优势。其次，IOS 具有可扩展性。由于其高度模块化，IOS 具有易扩展的特点，新的功能可以随时集成其中。此外，IOS 还提供丰富的接口支持。由于其对不同的网络、不同的接口和不同的系统均提供了接口支持，从而 IOS 具有更加广泛的应用场合。

(2) JUNOS 是瞻博公司出品的网络操作系统。JUNOS 的成功使得瞻博公司在高性能网络领域的地位更上一个台阶。JUNOS 的内核是基于 FreeBSD，同样是采用了模块化的设计，具有较强的故障修复能力，并提供了路由增强和标准化协议支持。同时，JUNOS 引入了智能数据包处理功能，大大增加了 IP 安全性。

(3) VRP 是华为公司推出的一种操作系统平台，华为系列路由器、交换机、服务器、网关和防火墙等设备均可以运行。VRP 平台集成了丰富的 TCP/IP 协议和路由技术，同时配备了 VPN、QOS 和 IP 语音等安全服务相关组件，并以 IP 转发引擎为核心提供了强大的数据转发能力，支持多种 SNMP 管理配置。

(4) RouterOS 是一款基于 Linux 的路由器操作系统，由 MikroTik 公司开发。在普通 PC 或服务器安装 RouterOS，可以使得计算机具备商用路由器的高级功能，支持路由、代理认证、防火墙和上网管理等多种功能。公众可以免费使用 RouterOS 的基本功能，它的高级功能则采用不同等级的许可证级进行管理。RouterOS 可以通过本地访问、

Telnet、SSH 访问、图形化配置界面和 Web 配置界面等多种方式进行配置和部署。

(5) ZyNOS 是合勤科技(Zyxel)公司生产的网络设备上使用的专有操作系统。这个名字是 Zyxel 和网络操作系统(NOS)的缩写。ZyNOS 最早于 1998 年被推出。ZyNOS 支持 Web 和命令行配置方式。ZyNOS 具体使用何种配置方式主要取决于设备。Web 访问是通过在 PC 和设备上的开放端口之间连接以太网电缆，并将设备的 IP 地址输入到 Web 浏览器来实现的。ZyNOS 为支持命令行的设备上提供了 RS-232 串行控制台端口，并通过使用 SSH 或 Telnet 来完成 CLI 访问[47]。

2.4.3　典型厂家定制路由器操作系统

厂家定制路由器操作系统一般是基于开源 Linux 系统开发的，主要是根据项目开发的单位不同而产生不同的系统。各系统具有各自的优势和特点，在各自的领域内均有较成功的应用。定制操作系统大部分是开源的，也有少部分是非开源的。

(1) Arista EOS 是一种可扩展的操作系统。标准而未经修改的 Linux 是 EOS 的底层操作系统。同时 EOS 采用发布/订阅数据库模型，数据库 Sysdb 由机器在运行时生成，运行于用户空间，包含系统的完整状态。EOS 采用多进程状态共享架构，可以将状态信息与进程本身分开。EOS 的协议处理、安全功能和管理服务，甚至设备驱动程序，都是在用户地址空间运行。这些特性提高了整体稳定性。EOS 提供丰富的 API 集，使用标准的和众所周知的管理协议。EOS

能够实现与众多第三方应用程序的快速集成，以进行虚拟化、管理、自动化、编排和网络服务[48]，如图 2.10 所示。

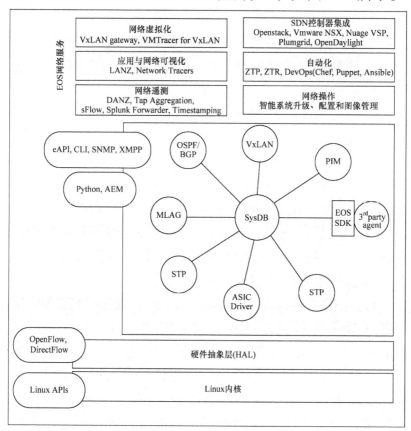

图 2.10　EOS 结构图

（2）Cumulus Linux 是一个以网络为中心，基于 Debian 的 Linux 发行版，具有强大的功能和完全的开源性。Cumulus Linux 支持以太网虚拟专用网、VMware 和 OpenStack 集成，以及 IP/BGP 无编号等重要特性。2017 年，财富 50 强企业中有 32%的企业在数据中心使用了

Cumulus Linux 操作系统[49]。

(3) DNOS 是戴尔的网络操作系统，来源于 Power Connect OS 和 Force10 OS/FTOS，可用于戴尔网络 s 系列交换机和 z 系列核心交换机。DNOS 支持第二层和第三层协议，并提供了智能脚本、虚拟服务器网络和网络自动化等重要特性。

(4) ExtremeXOS 是 Extreme 公司的网络操作系统，基于 Linux 内核和 BusyBox，应用于高可用性、可扩展和高性能的网络。ExtremeXOS 采用高可用性体系结构，有助于减少网络停机时间，以实现业务连续性和访问关键任务应用程序，如 CRM、数据仓库和用于运营商和语音级网络的 VoIP。内置的安全功能支持身份管理、网络控制和访问控制等。通过使用 ExtremeXOS，可以实现将特定的应用程序设备集成到网络中来扩展网络的功能。

(5) FTOS 运行在 NetBSD 上，是在 Force10 以太网交换机上使用的固件家族。它的功能与思科的 NX-OS 或 Juniper 的 JUNOS 类似。FTOS 不提供基于 Web 的图形用户界面。运行 FTOS 的交换机只能使用命令行界面进行配置，其初始配置是通过控制台端口完成的。部分型号还支持辅助端口，允许通过调制解调器拨号进行远程管理。大多数交换机有一个标准的串行端口。在初始配置之后，可以通过 Telnet 或 SSH 访问 CLI。基于 FTOS 的交换机也支持 SNMP 和文件传输。

(6) Open-WRT 是一个开源系统，是基于 Linux 的面向小型设备的操作系统，容易应用到各种嵌入式系统。特点是用户可以自行定制，获得对设备更多的应用功能。

Open-WRT 基于 Linux，但是却是从零开始，逐渐迭代成一个易定制且功能完备的操作系统。

(7) DD-WRT 是一款基于 Linux 的无线路由操作系统。该操作系统起源于 2003 年，其基于思科发布的一款 WRT54G 无线路由器的固件源码所重构而成。它使得普通路由器可以具备高级路由器的功能，而且支持用户自行编译和扩充功能。

(8) Uclinux 是一种针对微控制器而设计的操作系统，由 Linux2.0/2.4 的内核衍生出来。因此，Uclinux 具备 Linux 的许多特征，但是又有部分不同于 Linux 的特性。这些特性包括内存保护、分页机制和虚拟内存等。这些特性的不同源于微控制器与中央处理器的差异。

(9) VxWorks 是美国风河公司的实时操作系统产品。与时间片轮流使用的分时操作系统相比，其最大的特点是实时性。因此，VxWorks 被广泛应用于对实时性要求高的各种领域中。它的另一个特点是平台支持广泛，包括 x86、SPARC(Scalable Processor ARChitecture)和 MIPS(Million Instructions Per Second)等几乎市场所有的嵌入式硬件平台。但其不是开源产品，需要向其购买许可才可以使用。

2.4.4　典型软件路由器操作系统

软件路由器操作系统是一种使用 PC、虚拟机或者服务器来代替路由器功能的路由解决方案。它是通过软件来实现传统硬件才能实现的路由器功能，带来的好处就是经济、简便和快捷。随着软路由技术的发展，通过软件实现的路由功能可以达到商用路由器的水平。因此，软路由得到了广泛的应用，也造就了一批优秀的产品。

(1) Vyatta 是一款自由的开源软路由项目，是基于 Debian 的发行版。它可以将 x86 标准硬件转换为路由器或防火墙，也可以支持在 VMware、Xen 和 KVM 等虚拟机管理程序上运行。用户可以通过命令行接口或者图形化界面进行特性配置。使用 Vyatta 配置的软路由功能可以达到商用路由器的水平。

(2) Zeroshell 也是一款基于 Linux 的发行版，可以在个人电脑、服务器上安装，甚至应用在嵌入式设备上，使得目标机器具备高级路由器的功能。Zeroshell 支持 U 盘、光盘 CD 和镜像等多种安装方式，操作简单方便。Zeroshell 系统具备负载均衡、网络连接失效转移、动态路由、静态路由、无线 AP 和 DNS 服务器自动管理等众多良好特性。

2.4.5 路由器操作系统发展趋势

路由器操作系统作为路由器设备的重要组成部分，发展的历程和路由器设备的发展密不可分。随着路由器硬件的日益更新，路由器操作系统的发展必然要与时俱进。总体来看，路由器操作系统未来主要发展变化有以下三个方面。

一是不断建立新的开源项目。虽然目前已经有了比较成功的开源项目，如 Open-WRT、DD-WRT 和 Tomato 等，但是其存在不少的缺点，仍然需要进一步优化完善。例如，Open-WRT 是高度定制的，核心代码较少，功能需要用户自己定制，使用相对复杂。DD-WRT 虽然具有简单、易用和界面美观等优点，但是 DD-WRT 容易出现故障，而且其提供的 QoS 功能较为简单。Tomato 虽然比 DD-WRT 提升了稳定性和统计查看等功能,但带来的缺点是功能更新慢、扩展性较差。因此,新的开源项目研究具有现实的必要性。

二是持续加强系统安全性研究。当前各种路由器操作系统归根结底就是使用 Linux 内核,然而作为一种开源的操作系统,Linux 被广泛地研究和分析,潜在的漏洞和威胁随时可能爆发。在当前各类路由器操作系统层出不穷的情况下,如何能够保证全面快速的反应并进行应对是一个问题。例如,APT 组织可以利用 Mikrotik 路由器的零日漏洞将间谍软件植入计算机,由此带来大量用户隐私数据泄露的严重问题。

三是针对特定新型网络产品的操作系统选择及定制。由于路由器操作系统开源项目及各种第三方固件种类较为丰富,每一种路由器产品在考虑自身操作系统的时候就需要进行比较研究,综合各种情况后选择最适合自己的开源操作系统,或者考虑是否构建自身的专属操作系统。具体来讲,对于使用开源项目的操作系统,面临的问题就是驱动时效较差的问题,一般难以跟上路由器硬件的发展速度,但是却具有功能丰富多样的优点。如果考虑构建专属操作系统,面临的问题就是时间周期较长和功能相对简单,但是带来的好处就是稳定。所以,路由器产品在选择操作系统时需要进行系统性前期研究和分析。

2.5　网络处理器技术

网络设备的核心处理部件随着应用需求的变化大致经历了通用处理器(General Purpose Processor,GPP)、特定用途集成电路(Application-Specific Integrated Circuit,ASIC)、

网络处理器(Network Processor，NP)三个阶段。GPP 网络
报文处理效率不高、可扩展性差，很难满足网络高速发展
的需要，而 ASIC 灵活性差、业务提供周期长，难以满足
网络业务多样化的需求，在此背景下网络处理器应运而生。
自问世以来，网络处理器得到许多半导体公司、网络设备
厂商的关注，不同体系结构的网络处理器相继出现并投入
使用，并已发展成为构建网络设备的核心关键芯片。

网络处理器是一种特定的应用于网络通信领域，面向
数据分组处理的可编程器件，被大量用于构建网络通信基
础设施平台，其中包括路由器、交换机等各类网络核心设
备。网络处理器支持通过对报文操作进行灵活的软件编程，
可以实现支持协议分析、查表路由、过滤分流、内容监测、
服务质量等丰富的功能，同时具备很高的网络处理性能。

2.5.1 网络处理器概述

网络处理器主要用于网络数据包的高速处理，是一种
集成特殊电路和功能的专用指令集处理器(Application-
Specific Instruction-set Processor，ASIP)[50]。许多网络处理
器的指令集是基于已有 RISC 处理器指令集进行设计的，
其中包含一些特殊设计的操作指令，比如位操作、CRC 计
算、搜索和查找操作等。另外为了加速一些具体的报文处
理任务，网络处理器中还会有一些特殊的硬件功能模块。

(1) 总体设计要求

网络处理器的第一个要求是处理性能，这是网络处理
器的核心指标，主要包括高带宽连接、多协议和一些高级
特性的支持等。第二个要求是快速的上市时间。上市时间
是系统供应商将产品从需求提出到实现产品商业销售的时

间，并且已成为决定网络设备在市场上成败的关键因素[50]。第三个要求是灵活性与可编程性。网络处理器应易于编程，以支持系统功能集的自定义以及现有技术和新技术的快速集成。为此，网络处理器制造商努力提供简单实用的编程和测试工具。编程工具应尽可能方便重用代码。此外，必须提供广泛的测试功能和智能调试功能，例如描述性代码和定义，以及用于优化的代码级别统计信息。测试工具必须能够模拟现实环境，并提供准确的吞吐量测量和其他性能测量[51]。

(2) 基本功能需求

查找与模式匹配：此功能将数据包头字段与特定模式进行比较，以对数据包类型进行分类，例如执行表查找以返回相关表条目，或确定传入数据包的类型为 IPv4 或 IPv6 数据包。

报文转发：此功能定义为确定输入数据包的输出路径，它使用硬件前缀树结构和特殊硬件来实现[52]。

访问控制与队列管理：识别出数据包后，将它们放置在适当的队列中以进行进一步处理，同时将根据安全访问策略规则检查数据包，以查看是否应该转发或丢弃数据包。

流量整形与控制：某些协议或应用程序对数据的延迟、延迟变化、优先级等具有特定的需求。因此，在流量被释放到输出导线或光纤中时，通常需要进行整形与控制处理。

报文的数据处理：这是对数据包进行某种修改，包括更改 IP 数据包中的生存时间(TTL)字段、重新计算 CRC、执行数据包分段以及数据包的重组和加密或解密等。

(3) 实现要求

处理引擎：大多数网络处理器是多处理器，这意味着它们并不是作为一个大型 RISC 处理器构建的。网络处理器中的基本可编程单元是处理引擎(Processing Engine，PE)，PE 可以被分组为功能块或者是独立的部分。不同的网络处理器为其 PE 使用不同的体系结构，并且 PE 的数量也有所不同。

利用并行性：所有网络处理器都使用并行技术和流水线，主要采用三种类型的并行性：指令级并行(Instruction-Level Parallelism, ILP)、线程级并行(Thread-Level Parallelism, TLP)、数据报文级并行(Packet-Level Parallelism，PLP)。在 ILP 中，由编译器或硬件指令调度程序确定程序指令的同时执行。在 TLP 中，通过执行不同的线程以避免等待内存和处理引擎中的空闲时间。在 PLP 中，应使用一种机制对数据包进行排序，以允许对数据包进行并行处理。

NP 内存体系结构：内存体系结构是 NP 中的一项关键资源。NP 中有三种类型的存储器，包括指令存储器、数据包存储器和路由表存储器。由于 NP 中的指令数量较少，指令存储器通常也比较小。数据包存储器用于处理缓存数据包和已排队、修改后的数据包，应以最小的延迟进行精心设计。路由表存储器包括 NP 读取的路由条目，必须设计得尽可能快以满足路由表的更新操作和查找。基于以上目标，一种解决方案是使用智能数据结构，另一种解决方案是使用专门用于查找的硬件加速器、内容可寻址存储器(Content Addressable Memory，CAM)和静态随机存储器(Static Random-Access Memory，SRAM)等。

专用硬件：所有网络处理器都包含特殊的硬件和集成

的协处理器，以执行常见的网络任务。典型的硬件功能模块包括 CRC 计算、队列管理、转发引擎和查找引擎等。

网络接口：网络接口是报文出入网络处理器的接口。过去，一些制造商开发了自己的网络接口，但是现在大多数网络处理器都实现了标准接口，例如 UTOPIA 2 级、3 级和 SPI-3，SPI-4 等。

软件支持：软件支持对网络处理器也非常重要。实际上，制造商对软件支持的关注度正持续上升，现在更多的网络处理器软件允许用 C 编写，某些核心例程用微代码编写，这与高度可编程性息息相关，并且将缩短上市时间。

(4) 设计方法

在网络处理器设计中有几种常见的技术路线，包括GPP(通用微处理器)、ASIC(特殊应用集成电路)、FPGA(现场可编程门阵列)、ASIP(定制指令集处理器)和协处理器等[53]。在 ASIC 技术中所有的 NP 元素都是通过硬线设计的，虽能提供最高的性能，但缺乏可编程性和灵活性。而GPP 是最通用和灵活的，但性能却最低。现在的网络处理器多为 ASIP 类型，它们比 GPP 具有更高的性能，而比 ASIC具有更高的灵活性。

(5) 产品体系结构

传统基于 RISC 的体系架构：RISC 体系结构具有用于快速执行的简单指令，是许多现有 NP 的基础体系结构。但是，由于 RISC 简单的指令集架构(ISA)，编译器不得不使用大量简单的指令来生成复杂的例程。为了克服这个问题，在标准 RISC 处理器的 ISA 中，将耗时的任务标识为新指令并将其实现。这些指令包括位匹配操作、查找表以及校验和计算等。第一代 NP 是基于 RISC 体系结构设计的，比如 AU1000 & AU1550(Alchemy 网络处理器)，Vitesse-Sitera NP 和 Applied Micro Circuit 的早期产品等[50,51]。基于 RISC 的体系结构的主要性能瓶颈是处理指令、数据流量所需的总线带宽受限以及提取分组数据、执行转发表查找、修改和传输数据所需的处理周期较长等。通过采取几种方法可以克服这些瓶颈，包括函数分区、特殊指令和缓存优化等。

特殊体系结构：为了进一步提高报文处理性能，一些 NP 会通过改良协处理器、定制功能单元等方法来设计特殊的 NP 体系结构。例如，Agere 路由交换机处理器和 Cisco-PXF TOASTER 使用 VLIW 架构来利用 ILP。另一种方法是使用超标量方法在运行时利用 ILP，该方法在每个时钟周期发出几条指令，Cognigine 使用此方法根据程序的动态行为来查找 ILP。多线程是 NP 实现中用于提高报文处理性能的另一种技术。Intel IXP1200/2400/2800 和 IBM PowerNP 等均采用了多线程技术。

采用现代 RISC 方法的大规模并行体系结构：一些 NP 采用了多个处理引擎来利用并行性，例如，ClearSpeed 网络处理器是几个多线程阵列处理器(MTAP)的集群，每个 MTAP 最多包含 256 个处理引擎，它们都是简单的 8 位处理器，具有自己的 32 位宽 4 KB 的存储单元。IBM PowerNP 和 Intel IXP 也是采用了这种方法的实例。

2.5.2　网络处理器典型产品

当前主流的网络处理器产品如表 2.2 所示。

表 2.2　主流的网络处理器

产品名	吞吐率	接口速率	DPI	加解密	压缩/解压缩	芯片工艺	发布时间
NOKIA FP4	3.0 Tbps	—	—	—	—	16nm	2017
Mellanox Indigo/ NPS-400	400 Gbps	10GE/40GE/100GE	200Gbps	200Gbps	支持	—	2016
Cavium OCTEONIIIC N7XXX	400 Gbps	10GE/40GE/100GE	支持	支持	支持	—	2015
Marvell HX4100	400 Gbps	10GE/40GE/100GE	—	—	—	28nm	2013
Cisco nPower X1	400 Gbps	10GE/40GE/100GE	—	—	—	22nm	2013
博通 XLP II 900	1.28 Tbps	—	40Gbps	800 Gbps	支持	28nm	2013

1) 诺基亚 FP4 网络处理器

诺基亚于 2017 年推出了 FP4 网络处理器，具有高达 3.0Tbps 的性能[54]。该款芯片采用 16nm FinFET Plus 工艺，通过在一块插件板上组合多个 FP4 芯片，可以实现 PB 级路由器。诺基亚采用 FP4 网络处理器，设计了首个 PB 级路由器诺基亚 7950 可扩展路由系统 XRS-XC，该系统能够通过多机箱扩展在单个系统中实现高达 576Tbps 的能力，而无须额外的交换机架。该款路由系统是截止到 2019 年 12 月底业界容量最大的路由器。由于 FP4 芯片嵌入了增强型数据包智能控制技术，该芯片可以将流量统计信息发送到诺基亚的 Deepfield IP 网络分析解决方案等外部系统，从而最大限度地减少甚至防止可能的 DDoS 攻击。

2) Mellanox 的 Indigo/NPS-400 网络处理器

Mellanox 在 2016 年推出的 NPS-400 网络处理器具有

400Gbps 吞吐量，其架构旨在满足下一代运营商和数据中心网络对高性能的需求[55]。NPS-400 通过 C 编程、标准工具集、支持 Linux 操作系统、流水线编程风格等，提供了出色的报文分组处理灵活性。NPS-400 具有可编程 CPU 核心，这些核心针对报文分组处理进行了高度优化。NPS-400 还包含流量管理器、安全硬件加速器，以及专为效率和性能量身定制的深度报文检测模块。此外，该芯片的加解密性能为 200Gbps。

3) Marvell(Cavium)的网络处理器

Marvell 主要有两个系列网络处理器，即 OCTEON®III CN7XXX 系列和 Xelerated®HX4100 系列。Cavium 是 Marvell 收购的子公司，2015 年发布了 OCTEON®III CN7XXX 系列多核 MIPS64 处理器[56]。该网络处理器可提供 120GHz 的 64 位处理能力，可应用在数据中心、无线基础设施、企业和存储设备中高性能和高吞吐量的应用程序。OCTEON® III 系列产品包含了 1～48 个 MIPS64 内核，主频最高为 2.5GHz。OCTEON® III 在单个芯片中支持超过 100Gbps 的应用程序处理。它包括多个 DDR3/4 通道和超过 500 Gbps 的 I/O 能力，以及基于最新标准的 SERDES I/O，具有 40G、20G、10G、GE、Interlaken / LA、SRIO、PCIe Gen3、SATA 6G 和 USB 3.0 等多种接口。由于全面支持硬件虚拟化，可满足 NFV 和 SDN 等设备的需求。该芯片还支持 DPI、加解密和压缩/解压缩功能。

Marvell 的另一个系列是 Xelerated®HX4100 系列[57]，主要应用于运营商以太网交换路由器、SDN、云计算等系统。其可提供 100～200Gbps 的全双工性能，并可扩展以支持 480Gbps 端口接口容量。该款芯片发布于 2013 年，采用了 28nm 的工艺。

4) 思科的 nPower X1 网络处理器

nPower X1 是 2013 年思科发布的网络处理器，该处理器是可以扩展到多 TB 水平的网络处理器，可以处理高达数万亿次事务[58]。思科为这款新型处理器申请了 50 多项专利。同时，这款网络处理器针对 SDN 进行了优化设计，支持在传输中(on-the-fly)重编辑，具有很好的服务灵活性，可以大幅简化网络运维。nPower X1 的突出技术特征是：

(1) 单芯片吞吐率达到 400Gbps，集成了包含流量管理、分组处理和 I/O 功能，具有良好的可扩展性和高效的性能。

(2) 采用 22nm 芯片工艺，集成了 40 亿个晶体管，在保证性能的同时也降低了功耗。与思科公司的上一代同类产品相比，nPower X1 可以为相同的解决方案带来 8 倍的性能提升，每比特的功耗仅为其四分之一。

5) 博通的 XLP® II 900 网络处理器

博通的 XLP® II 900 系列处理器适合对性能、安全性、效率和可扩展性等方面要求高的服务提供商、数据中心和企业网络[59]。XLP® II 900 系列具有四核、四线程、先进的乱序执行 CPU 架构，可提供超过 1 万亿次运算性能。XLP® II 900 集成了 80 个通用 CPU 核，三级缓存，并内嵌 4 个 DDR3 控制器。该网络处理器具有端到端虚拟化,高级安全功能(如深层数据包检查(DPI))以及具有线速网络和多层 QoS 功能的创新网络和应用程序智能技术。该处理器具有 160 Gbps 的应用程序性能，同时也可扩展到 1.28 Tbps，数据接口总带宽 68.25Gbps。同时其还支持 40Gbps 的深度报文检测，最高可扩展到 320Gbps，加解密性能可达 100Gbps。

2.5.3　网络处理器发展趋势

　　一是需要设计更加灵活高效的体系结构。传统的网络处理器设计侧重于相对简单的协议栈第 2 层和第 3 层的处理。为了数据包处理的要求，网络处理器设计人员会在单个芯片上打包数百个微型数据包处理引擎。选择如何在网络处理器中组织多个处理引擎会影响芯片的软件模型。设计人员在流水线设计、对称多处理体系结构方面做了很多优化。流水线模型在处理过程中将数据包从一个引擎传递到另一个引擎。对称多处理器(SMP)模型允许每个数据包引擎执行自己的软件集，从而使单个数据包引擎能够完全处理数据包。部分厂商还使用单指令多数据(SIMD)技术来组织其分组引擎。然而这些网络处理器的独特设计需要软件团队熟练掌握架构原理，增加了软件实现的复杂度。因此，设计灵活高效的体系结构成为未来网络处理器发展的重要方向。

　　二是需要开发设计新的网络处理架构。在经历了一些最初的发展过程和供应商的整合之后，网络处理器已经成为路由器数据平面事实上的标准。传统的网络处理器成功地平衡了对可编程性的需求和对功耗效率的要求，使路由器能够处理许多新功能和协议，以跟上不断发展的运营商网络。然而，随着运营商网络变革的加快，简单的数据包转发正在让位于流处理，在专用设备中实施的服务正在整合到路由器平台中，有线和无线网络正在融合，这时候为第 3 层路由所设计的传统网络处理器无法跟上这些发展。

为了满足运营商的新需求，设备制造商和商家必须开发新的网络处理架构。这些设计需要将传统网络处理器的良好特性（如高性能和高能效）与基于通用 CPU 多核处理器的更大灵活性实现良好的结合。

三是不断实现新型功能。目前一些新型的网络处理器如前面介绍的 IndigoNPS-400，通过支持 GNU 工具链和 SMP Linux，实现了与多核处理器类似的灵活性。这意味着网络处理器可以处理几乎任何新的协议或功能，并更快地适应运营商的要求。例如，可以为 SDN 实现 OpenFlow 并适应新版本，为网络地址转换(Network Address Translation, NAT)和防火墙等功能提供有状态处理，为计费、SLA 实施或带宽管理提供应用可视性等。可见新一代网络处理器需要不断的支持新型功能以在高性能智能路由器、数据中心网络设备，以及加速新兴 SDN 和 NFV 网络的虚拟化功能中扮演十分重要的角色。

从网络发展来看，软件定义网络、网络功能虚拟化等技术的革新，传统互联网到移动互联网再到"万物互联"的演进，对网络通信设备的可扩展性、可编程性、虚拟化能力、多业务支持等提出了更高要求。作为这些设备的核心基础，网络处理器也在飞速演化中，基于通用多核 CPU 的多芯片的体系结构兼顾了性能和可编程性，正成为新的趋势。

2.6 软件定义网络技术

2.6.1 软件定义网络架构

信息和通信技术(ICT)的新兴大趋势(如移动互联网、

云计算和大数据)对未来互联网提出了新的挑战。对未来互联网而言，无处不在的可访问性、高带宽和动态管理至关重要。然而传统的路由器、交换机等网络设备都是采用专有设备手动配置网络，这种方法比较烦琐且容易出错。为了解决设备开放配置和网络管理的难题，从 2006 年开始，斯坦福大学的麦克文(Mckeown)教授和加州大学伯克利分校斯科特·辛克(Scott Schenker)教授等开展了 Clean Slate 研究课题[60]，并于 2009 年提出了 SDN 的概念[61]。SDN 最大特点是网络控制与转发相分离。这种控制与转发分离的体系架构是一种全新网络结构，能够支持网络功能的不断变化和演进。

　　SDN 网络的架构如图 2.11 所示。其架构主要包括基础设施层、控制层和应用层三个层次。基础设施层由路由器、交换机等网络设备构成，可以是硬件形态，也可以是通过虚拟化实现的软件形态。应用层包含各类 SDN 业务应用，包括网络拓扑可视化、配置管理、网络监控、自动化等。控制层则位于基础设施层和应用层之间，主要由 SDN 控制器及其上运行的 SDN 控制软件构成。控制层与基础设施层之间的接口称为南向接口，其典型的协议包括 OpenFlow、Netconf 等，其中 OpenFlow 作为一个开放的协议，为各厂商设备的数据平面开放提供了统一的接口，是 SDN 的重要创新成果之一。控制层与应用层之间的接口称为北向接口，支持各种应用通过表现层状态转移应用程序接口(REST API)等方式与 SDN 控制器进行通信，为各位开发者进行应用创新搭建了桥梁[62]。

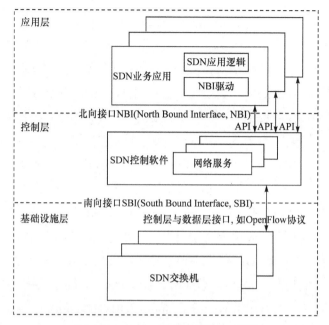

图 2.11   SDN 网络的架构图[62]

2.6.2   软件定义网络标准和开源组织

(1) 软件定义网络标准

OpenFlow 是一种广泛采用的协议，它为 SDN 定义了开放标准的南向接口 API。当前大多数控制器的实现都符合 OpenFlow 协议，例如 POX[63]，NOX[64]和 Beacon[65]。许多网络交换机和路由器供应商已经发布了适用于 OpenFlow 的交换机，包括阿尔卡特朗讯，Big Switch Networks，Brocade，Arista Networks，Pica8，华为，Cisco，IBM，Juniper Networks 等。

OpenFlow 由著名的国外组织，开放网络基金会(Open Network Foundation，ONF)发布，该基金会主要致力于促进 NFV 和 SDN 的发展。该组织在 2016 年 9 月将 OpenFlow 协议更新到了 1.6 版本，但是这个版本只针对 ONF 的内部成员开放。目前公开的 OpenFlow 协议是 1.5.1 版本。

2009 年，ONF 发布了 OpenFlow，即 OpenFlow 1.0.0。在这个版本中仅有一个表，且该表里只包含三个组件：头字段，计数器和操作。而且，头字段仅包含 12 个固定的匹配元素。由于匹配功能有限且只有一张表，因此这个版本的 OpenFlow 灵活性不高。使用 OpenFlow 1.0.0 转发模型的交换机不能同时执行多项操作。由于 OpenFlow 1.0.0 只有一个流表，所以在报文转发过程中，会导致流入口爆炸，这大大降低了 OpenFlow 的可用性。OpenFlow 1.1.0 新增了组表、流表、操作集等功能。OpenFlow 1.2.0 增加了多控制器和 IPv6 支持。OpenFlow 1.3.0 增加了流拥塞控制支持；而在 OpenFlow 1.4.0 中增加了流表复制和删除功能。ONF 提出了 OpenFlow-Configuration (OF- CONFIG)协议作为配置协议。OpenFlow 1.5.0 则新增了"出口表"(Egress Table)，提供了依据出口表进行输出端口数据包匹配的能力。表 2.3 列出了不同版本的 OpenFlow 协议的主要信息。

表 2.3 OpenFlow 各版本功能

OpenFlow 版本	发布日期	特点
OpenFlow 1.0.0	2009.12	基本架构，单流表，IPv4
OpenFlow 1.1.0	2011.02	多流表，群组表，MPLS 和 VLAN
OpenFlow1.2.0	2011.12	IPv6，多控制器
OpenFlow1.3.0	2012.06	单流测量，IPv6 扩展头

OpenFlow 版本	发布日期	特点
OpenFlow1.4.0	2013.10	流表同步机制，捆绑消息
OpenFlow 1.5.0	2014.12	数据包类型识别过程，出口表，调度的捆绑包扩展
OpenFlow 1.5.1	2015.03	不指定如何将每个数据包映射到每个米波段(meter band)，流模式中增加新的错误类型
OpenFlow 1.6.0	2016.09	(只针对 ONF 的内部成员开放)

从 OpenFlow 1.0.0 到 1.5.1 版本，OpenFlow 协议在不断改进。OpenFlow 协议的发展和演进主要针对两个方面。一是增强控制层，使系统更加丰富和灵活。另一个是提高基础结构层的能力，从而可以匹配更多关键字和执行更多操作。

当前，OpenFlow 协议已经进行了多次更新迭代，但是在其发展过程中也存在一些问题。首先，随着规格的快速变化，硬件供应商发现很难跟上 OpenFlow 的步伐，尤其是在早期。其次，OpenFlow 的主要目标之一是创建一个与供应商无关的交换机的网络生态系统以实现在同一控制器下不同供应商的交换机可以协作运行。但是，交换机往往有太多可选功能，从而会使得交换机无法决定是否支持 OpenFlow。最后，由各种供应商实现的交换机的行为可能略有不同，其中有些甚至与 OpenFlow 的相关规定是不同的。

(2) 软件定义网络国际组织

从 SDN 诞生至今,越来越多的国际性组织参与到 SDN

标准的制定和发布。比较典型是开放网络基金会(Open Networking Foundation，ONF)、OpenDayLight(ODL)和国际互联网工程任务组(Internet Engineering Task Force，IETF)。

为了推动 SDN 和 OpenFlow 技术的标准化和商业化，在谷歌、德国电信和微软等国际知名电信和网络公司的推动下，ONF 于 2011 年正式形成。ONF 是一个至今仍在发展壮大的非营利性组织。到 2013 年 12 月，ONF 就已经有 123 个会员公司，而到了 2014 年，ONF 的会员公司数量更是超过了 150 个[66]。ONF 的成员包括了网络设备供应商、半导体公司、计算机公司、软件公司、电信服务提供商、超大规模数据中心运营商和企业用户。

在 SDN 提出的很长一段时间内，ONF 都是唯一的开源组织。然而由于网络设备非常复杂，其研发是一个系统工程，在开发、应用和实际部署中面临诸多挑战，从学术圈成长起来得比较理想化和相对复杂的 OpenFlow 协议难以完全满足要求。在这种情况下，2013 年，以网络设备商和软件商主导的另一个开源组织 OpenDayLight(ODL)成立了，它主要由 Linux 基金会的一些成员和行业供应商构成。与 ONF 不同，在 ODL 的工作中，OpenFlow 只是其中一个南向接口标准，而在 ONF 中 OpenFlow 是唯一的南向接口的标准。ONF 并不致力于推动北向标准的制定，而 ODL 定义了一套完整的北向接口 API。ONF 通过 OpenFlow 定义了转发面的标准行为，而 ODL 不涉及任何转发面工作，对转发面不做任何假设和规定。

IETF 是当前最著名的全球性互联网标准化组织。目前大部分互联网标准都是由 IETF 制定的。IETF 最早有两个制定 SDN 标准的工作组，分别是应用层流量优化工作组(ALTO)和转发与控制分离组(ForCES)。除了以上两个小组以外，IETF 还从软件驱动网络(Software Driven Network)出发研究 SDN，并且也成立了 SDN BOF，提出了 IETF 定义的 SDN 架构。

除了上述组织外，ITU、ETSI 和 CCSA 等国际组织也分别制定了通信运营商等行业的 SDN 标准。

2.6.3　软件定义网络交换机

一般情况下，底层网络基础结构可能涉及包括路由器、交换机等在内的各类异构网络设备。在软件定义的网络中，由于控制逻辑和算法已被装载到控制器中，因此此类设备通常表示为可通过抽象层上的开放接口访问的基本转发硬件。在 SDN 术语中，此类转发设备通常简称为"交换机"。

SDN 网络中的交换机分为纯 OpenFlow 交换机和混合型 SDN 交换机两种。纯 OpenFlow 交换机不具有旧功能或板载控制(On-board Control)，并且完全依赖于控制器来转发决策。而混合型 SDN 交换机除支持传统操作和协议外还支持 OpenFlow。当今大多数商用交换机都是混合型的 SDN 交换机。

SDN 交换设备的体系结构通常包含数据平面和控制平面。数据平面主要负责依据转发规则完成报文转发。在控制平面中，交换机与控制层的控制器通信以接收规则(包括了数据包转发规则和链路调整规则)，并将规则存储在其本地内存中，如 TCAM 和 SRAM。这一新的架构赋予了

SDN 竞争优势。与传统交换机不同，SDN 交换机将路由决策从交换设备中剥离出来。因而，SDN 交换机只负责对网络状态的收集和报告并根据转发规则完成数据包的处理。这就使得 SDN 交换设备制造起来会更容易。但是，这种架构必须要实现新的硬件设计以支持 SDN 的交换设备。

(1) 数据层。SDN 交换设备的数据层的主要功能是数据包转发。具体地，交换设备依据查表采用"匹配-动作"模式进行工作，将接收到的报文依据与报文匹配的规则进行转发、丢弃等处理。SDN 的转发规则较为灵活，除了能实现传统网络设备中基于 IP 或 MAC 地址的转发以外，还能基于 VLAN 标记、TCP/UDP 端口等进行各类报文处理操作。

(2) 控制层。在 SDN 交换设备的控制层中，主要的设计挑战之一在于如何有效使用板载内存。从根本上说，交换设备中的内存使用情况取决于网络规模。SDN 交换设备的流表对存储容量有着很高的需求。具体而言，网络规模越大，流表规则越精细，交换机存储空间需求越高。现有的一种研究思路是通过扩展传统交换机设计中的内存管理技术，优化用于规则存储的 SDN 交换机设计，从而减少内存使用量并有效使用有限的内存。具体来说，为了处理大量的路由记录，可以使用诸如路由聚合或汇总之类的技术以及适当的缓存替换策略，即通过公共前缀聚合到单个表项来减少表大小；或者通过优化的缓存替换策略使得常用规则以更大的概率在缓存中被命中。而另一种研究思路则是组合各种存储技术，以合理的代价和复杂度来支持存储功能在速度、容量和灵活性之间达到平衡折中。比如，在数据包分类方面，可以充分挖掘 SRAM 扩展性强和灵活性较高的特点，以及 TCAM 数据包匹配速度快的特性。通过将两者结合使用，在提高分类性能和提供灵活功能之间达到很好的平衡。

2.6.4　软件定义网络控制器

SDN 中的控制器是负责制定管理决策的核心和关键组件。现有的针对 SDN 控制器的研究并没有修改基本的控制器体系结构，而是在模块和功能方面有所不同。一般情况下，SDN 控制器都主要由控制器核心和接口组成。

控制器核心：控制器的核心功能主要与拓扑和流量相关。链路发现模块利用分组输出消息定期在外部端口上发送查询。这些查询消息以数据包的形式返回，使得控制器可以构建网络拓扑。拓扑本身由拓扑管理器维护，其提供了决策模块以查找网络节点之间的最佳路径。这些路径的构建可以在路径安装期间实施不同的服务质量策略或安全策略。另外，控制器还可以具有专用的统计信息收集器/管理器和队列管理器，分别用于收集性能信息和管理不同的传入和传出分组队列。流管理器是直接与数据层的流条目和流表进行交互的主要模块之一。

接口：控制器的核心被不同接口围绕着，这些接口用于与其他层和设备交互。南向接口定义了一组处理规则，这些规则使转发设备和控制器之间能够转发数据包。南向接口帮助控制器智能地配置物理和虚拟网络设备。OpenFlow 是最常用的南向接口，它也是目前一种比较通用的行业标准。在另一端，控制器使用北向接口来允许开发人员将其应用程序与控制器和数据平面设备集成在一起。控制器支持许多北向接口 API，但大多数基于 REST API。内部控制器之间的通信，使用西向接口。此接口暂时没有标准，因此不同的控制器使用不同的机制。通常情况下，异构控制器一般不相互通信。东向接口 API(EBI)扩展了控制器与旧式路由器之间的交互功能。

　　SDN 体系结构应用了自上而下的逻辑集中式网络控制[67]。在这种情况下，SDN 控制器(连同已安装的 SDN 应用程序)可以集中协调网络中的所有交换机。这种集中控制的设计带来了许多好处，例如，可以有效地管理网络并快速响应动态事件。有两种实现方式可以在 SDN 中实现逻辑集中化：集中式和分布式 SDN 控制器。在集中式 SDN 控制器中，网络中仅存在一台 SDN 控制器。由于它们连接到同一实例，因此该机器轻松地以集中方式引导所有开关。许多早期的 SDN 控制器大多采用这种集中式结构。然而，采用单控制器会出现以下两个问题：一是可扩展性问题。通常，可扩展性涵盖了网络扩展和控制大量流量的能力。在 SDN 中，可扩展性反映了 SDN 控制器处理来自交换机的多个转发路径请求的能力。单个 SDN 控制器在处理大量请求时资源有限。二是鲁棒性问题。单个 SDN 控制器具有单点故障问题。当 SDN 控制器发生故障时，交换机将失去转发新数据包的能力，从而使得整个网络中断。典型的集中式控制器有 NOX，POX，RYU，Beacon，Maestro 和 MUL 等。

　　相对而言，分布式 SDN 控制器有望解决集中式 SDN 控制器中存在的两个问题。总体思路是通过形成多个控制器以平均分配网络中的负载[68]。此外，一个控制器崩溃时可以被另一个控制器接管。典型的分布式控制器有 ONOS，OpenDayLight 和 Runos。当前分布式 SDN 控制器已经成为学术研究和工业推广的主流。

2.6.5　软件定义网络的应用与部署

(1) 数据中心和云

数据中心和云是 SDN 落地的重要应用场景，云数据中心(Data Center，DC)基本上由虚拟资源组成，这些资源以无缝和自动的方式动态分配给大量异构应用程序。在云数据中心中，服务不再像传统数据中心中那样紧密地绑定到物理服务器，而是由虚拟机(Virtual Machine，VM)提供，这些虚拟机可以从物理服务器迁移到另一个服务器，从而提高可扩展性和可靠性。软件虚拟化技术允许更好地使用数据中心的资源。然而由于系统(服务器、虚拟机及虚拟交换机)、网络等管理变得越来越困难，云服务提供商对下一代数据中心内部网络提出了如下要求：①服务器利用率高；②敏捷，即对服务器/虚拟机供应的快速网络响应；③可扩展性，根据应用程序的需要，整合和迁移虚拟机；④简单，即轻松地完成这些任务。

当前在数据中心中部署最多的 SDN 协议是 OpenFlow(OF)，它允许设置符合开关转发规则的集合，这些规则由控制器集中智能建立。由于 SDN 允许重新定义和重新配置网络功能(可能一直到物理层)，所以基本思想是引入一个 SDN 云-数据中心控制器，使虚拟机和网络资源的使用更加高效、灵活、可伸缩和简单。然而，在部署新的体系结构解决方案之前，必须在真实数据中心实验环境中执行大型测试活动[69]。

(2) 企业网与校园网

SDN 最早起源于校园网，大学研究越来越多地受到大数据的驱动，这些数据集用于机器学习、数据建模、分析和数据挖掘，涉及科学、工程、商业、交通、艺术和人文等学科。虽然用于存储大数据的存储空间越来越大，成本也越来越低，但校园网进行数据分享的能力很弱。校园网的主要目的是为标准客户机/服务器服务提供有效、可靠、安全、符合策略的通信，但不支持大规模数据集的高吞吐量传输。而使用 SDN 可以通过有效的数据流重定向实现数据的高速传输交换，从而实现数据的共享。

而在企业网中，网络管理员对网络的期望远远超过数据传输本身。今天的网络是沿着路径传输数据包的管道和提供额外网络特性服务的混合体，比如 Web 缓存、网络地址转换和负载均衡。SDN 提供对流量的程序化控制。使用 SDN 可以消除中间件(middlebox)的放置问题，即可以显式地通过网络中任何位置的中间件引导感兴趣的流量。这种重定向能力在以数据中心和企业网络为目标的商业系统中得到了很好的证明[70]。

(3) 广域网和无线网

随着互联网的不断发展，广域网需要发展成为一个动态的、可编程的、集中的系统，以适应多种服务对带宽不断增长的需求。在提出的支持这些需求的方案中，基于 SDN 的广域网(SDN-WAN)这个概念来自软件定义的网络。它提出了一个动态网络的实现，其本质上具有自动化和编制功能。此外，它推动集中管理和管理过程，使其反应更快;并通过使用可编程接口可以适应各种基础设施的要求。这种集中的模型减少了准备时间,允许管理员远程地对活动设备进行编程。SDN-WAN 创建了一个安全的连接分组,包括私有和公共连接,实现了网络的自动化和集中控制。SD-WAN 还通过解耦数据和控制平面支持系统的集中管控。因此,可以通过 OpenFlow 之类的标准协议,从控制器管理各种各样的硬件。所有这些特性都可以在数据中心之外使用和利用,从而创建一个广泛的网络设计,自动化流量路由,增加安全性、可靠性和更低的延迟[71]。

在无线网络中,节点在各自的传输范围内可以直接通信。为了扩展网络覆盖范围,定义了两种模式:基于基础设施的模式和无基础设施的模式。在基于基础设施的模式中,诸如基站或接入点之类的基础设施协调节点之间的通信。这些设备提供无线接入,通常通过固定的网络核心实现通信。蜂窝网络使用这种模式来扩展网络的覆盖范围。而在后一种模式中,节点必须能够在没有任何基础设施帮助的情况下彼此通信。为了实现这个目标,节点以多跳的方式通过中间节点将包转发到目的地。在 SDN 网络中,逻辑集中式控制器负责基于网络全局视图对网络进行管理和编程,简化了网络的创新和优化。因此,SDN 概念有可能为无线网带来一些好处。除了 SDN 对于所有类型网络的一般优势之外,软件定义的无线网可以有效克服现在无线网面临的一些挑战[72]。

2.6.6 软件定义网络发展趋势

(1) SDN 的可扩展性研究

可扩展性是影响 SDN 发展的最关键因素。我们首先必须注意，尽管 SDN 提供的集中化观点很吸引人，但它始终只意味着逻辑上是集中的，而物理上分散的。此外，最近几年，OpenFlow 标准中进行了许多与可扩展性相关的改进。例如，引入了组表机制(OpenFlow1.1 版本)，该机制允许多个流表条目指向(引用)同一组标识符，这样控制器仅需要更新引用的组表条目操作，而不需要更新所有流表条目的操作。OpenFlow 1.2 版还允许更改控制器，从而使交换机可以与多个控制器并行建立通信。有关 SDN 可扩展性的研究可以分为以下主要类别：控制平面、数据平面和应用程序。

在控制平面的可扩展性方面，随着网络规模的不断扩大，单纯通过提升集中控制器的性能已很难满足网络性能需求。因此，还需要通过增加控制器的数量来实现性能的提升。然而多控制器的引入就带来了控制器的放置问题和结构的优化问题。分布式和分层控制平面设计为该类问题提出了解决方案。但是，这样的设计要求控制器和控制器副本之间同步数据分配。由于网络设备是由远程控制机制管理[73]，且控制平面和数据平面分离，这就进一步产生了可扩展性问题。

数据平面的可扩展性主要取决于数据平面设备的处理能力、存储器/缓冲区容量以及软件实现。与数据平面有关的一个基本可扩展性问题是，要在数据平面中包含哪些功能以减轻控制器的负担。专用数据平面可用于将更多流量保持在数据平面中，以实现可扩展性强和高效的控制平面的目标。在对数据平面设备进行带内控制时，控制流量与数据平面流量共享路径，并且需要确保数据平面的可靠管理, 这会带来另一个可扩展性挑战。

SDN 应用程序本身也需要可扩展, 并支持在广域网中进行细粒度和优化的资源利用, 例如负载均衡应用。负载均衡是为 SDN 设想的首批应用程序之一。使负载均衡应用程序可扩展的一种示例技术是使用基于通配符的规则来执行主动负载均衡。

(2) SDN 规模部署与跨域通信

SDN 网络规模化部署将成为重要发展趋势。尽管 SDN 部署范围广泛, 但现有 SDN 部署的共同点是它们的规模相对较小。它们大多限于小型网络或单个网络管理域。人们普遍认为 SDN 的下一个主要挑战是要扩展到大量路由器和交换机。SDN 的大规模部署需要充分考虑网络可靠、节点故障和流量工程, 并支持网络的扩容发展。同时, 随着网络规模的扩大, 跨域通信将使 SDN 发展面临挑战, 典型问题包括如何实现跨域路由的最优化等问题。

同时, 从演进的角度看, SDN 网络与传统网络会长期并存[74]。如何使传统网络与 SDN 网络相互兼容, 同时又使得相关的网络设备和体系结构不至于过度臃肿值得深入研究。为了正确部署混合 SDN 网络, 有必要解决两个关键问题。第一个是如何从控制器的角度使 SDN 网络和传统网络统一, 第二个是如何获取网络的正确状态, 以便控制器可以做出转发决策。

(3) SDN 的安全性研究

SDN 将传统的网络控制从硬件转移到软件, 此更改可简化网络操作和管理。然而, SDN 的解耦设计在网络中提出了其他安全挑战。SDN 的编程能力和集中控制功能引入了新的故障和攻击领域。

分布式 SDN 中的多个控制器可以同时访问网络的数据平面。同样，来自不同网络的应用程序可以访问控制器池。如果攻击者冒充控制器或应用程序，则攻击者可以轻松访问网络资源并实现对网络的操作。

拒绝服务(Denial of Service, DoS)安全攻击会严重降低 SDN 的性能。在 DoS 攻击中，大量的数据包通过不同的 IP 地址在网络中发送。由于与这些数据包相关的规则在交换机中不存在，因此将它们转发给控制器，会导致其资源耗尽。

建立强大的防火墙是 SDN 中的另一个安全挑战。这主要是由于不存储流状态的无状态数据平面无法执行流验证。

(4) SDN 网络策略一致性研究

SDN 给我们提供了一种灵活的可编程模型来管理和调度网络资源。但是，随着 SDN 中控制平面和数据平面的分离，控制器需要频繁地更新数据平面中的转发流表，以控制数据平面的正确转发，而数据平面也需要与控制平面通信，以保证正确的转发动作。由于 SDN 的异步控制性质，SDN 网络可能会因并发冲突而导致不一致问题，从而导致网络行为异常，例如通信中断、策略违规和性能下降等。为了使得 SDN 保持正确性和稳定性，SDN 网络必须具备一致性。针对该问题的解决方案，现在已有部分研究取得了一定的进展。Su 等[75]通过对 SDN 的控制一致性开展分析研究，得到 SDN 一致性问题的根本原因以及潜在的不一致问题，同时总结了当前关于 SDN 一致性的主要研究进展。Wang 等[76,77]提出了可以实现 SDN 网络一致网络视图和一致控制决策的方法，保证了数据平面策略更新期间的一致性和有效性并能维持数据平面流表的一致性。

2.7　网络功能虚拟化技术

互联网的快速发展和硬件设备种类的快速更新，使得每支持一项新的网络服务，都需要增加巨大的能耗成本和整合难度，同时业务推陈出新的节奏不断加快、专业设备的生命周期不断缩短等，给传统电信网络在成本、业务创新等方面带来极大挑战。为此，研究人员们提出了网络功能虚拟化(Network Function Virtualization，NFV)技术。从2012 年首个 NFV 白皮书发布开始，NFV 技术进入快速发展阶段。为促进NFV 技术发展,欧洲电信标准化协会(ETSI)专门成立了 NFV 工业规划工作组(Industry Specification Group，ISG)，针对 NFV 体系结构和研究发展方向做出了初步的规划,该工作组不断更新和发布一系列有关 NFV 的技术文档。NFV 技术目前已经在网络体系构建、网络部署与迁移、网络控制与管理方面取得了较大的进步，在广泛的网络场景中实现应用落地，如云数据中心网络功能虚拟化、蜂窝基站虚拟化、移动核心网虚拟化、家庭网络虚拟化等，未来面临的挑战主要在于提高网络整体效益，从性能、稳定性、兼容性、自动化程度和安全等方面进行研究。

2.7.1　网络功能虚拟化技术简介

(1) 定义

NFV 通过虚拟化技术在服务器等通用软硬件基础上实现网络功能模块，支持网络功能模块间的连接或链接整合，从而大幅降低设备成本[78]。与传统的网络设备不同，

NFV 可以运行在标准的服务器甚至云计算基础设施之上[79]，通过虚拟网络功能组合提供服务，从而使得传统网络功能可迁移化和实例化。

(2) 背景需求

随着能源成本的增加，专有硬件设备的集成和操作的复杂性增大，再加上专业设计能力的缺乏，传统的通过增加专有硬件设备来支撑新的网络服务的业务建设模式变得越来越困难。另外，硬件设备存在的生命周期限制阻碍了电信网络业务的运营收益，也限制住了在网络连通世界的大环境下的技术创新。

(3) NFV 的标准化和规范化

多个国际的标准组织(如 3GPP、ETSI、IETF 等)都成立了 NFV 的标准研究工作组，对 NFV 的标准进行探索与制定。同时也有多个 NFV 的开源组织，例如 OPNFV、Openstack、KVM 等[80,81]。

2013 年，ETSI 组织提出了规范化的 NFV 框架，用于协调和说明 NFV 的关键功能，最终形成 5 个网络功能虚拟化的规范。2014 年底，基于上述的 5 个规范进行扩展，ETSI 制定并完成了第一个阶段的 11 项规范内容，主要包含基础设施、架构框架、管理程序、安全、服务质量度量等。

IETF 提出的 NFV 相关标准组与 ETSI 形成互补，主要研究基于 NFV 的服务功能链(Service Function Chain，SFC)、虚拟网元等。SFC 工作组主要关注如何借助 NFV 实现服务功能链。该工作组已经提出 40 多份标准化草案，主要包括 SFC 的架构、路由控制、封装等。而网络功能虚拟化研究组则主要关注基于策略的资源管理、可视化、安全性和弹性服务等。该工作组也提出了 10 多份标准化草案，包括 NFV 业务链中的资源管理、NFV 基础设施的策略架构和框架。

ITU-T 也已经完成了多项关于网络虚拟化的建议书，如 Y.3011：未来网络的网络虚拟化架构(Framework of Network Virtualization for Future Networks)，Y.3012：未来网络的网络虚拟化需求(Requirements of Network Virtualization for Future Networks)等。同时其还对需求、功能架构和资源控制管理等进行了相关研究。当前 ITU-T 正在开展多个关于 NFV 的项目，如"NGN 演进中的控制网络实体的虚拟化需求""云服务虚拟网络的资源控制与管理(VNCS)""未来网络的功能体系结构的网络虚拟化"等。

近年来，NFV 标准研究已日趋成熟，特别是在需求和架构方面的标准制定方面已经完善，但在业务链、资源管理、安全性和业务编排上还有待进一步研究。

(4) 优势

面向网络服务受益者：NFV 可以提供良好的可扩展性(或伸缩性)和弹性服务。如基于实际的数据流量及用户需求，通过对网络的动态实时优化，提供同一平台上的多用户支持。

面向运营商：NFV 的实现缩短了传统运营商的创新周期，加快了业务推向市场的速度。基于硬件的开发部署模式转化为基于软件的模式，使得功能演进的模式变成可能，同时也降低了对硬件方面的投资，显著的缩短了业务的运行周期。

面向设备提供商和软件市场：NFV 能够灵活分配硬件

资源，消除性能瓶颈，通过批量生产和设备统型有效减少设备种类，提升设备效率，降低网络建设成本。在开发阶段，NFV 可以提供统一基础架构来支撑业务运行和测试，降低开发、测试和集成开销，推动业务快速上线。在灵活性方面，NFV 具备很强的业务扩展和服务降级能力，可以为不同客户群提供专门的针对性服务。在产业发展方面，NFV 一方面通过开源等模式形成开放的产业链，避免了设备商垄断，鼓励竞争；另一方面，x86 服务器及 Linux 等通用软硬件带来的便利性，将鼓励软件开发商、研究人员等开展更多的创新，从而快速推动产业的迭代发展。

(5) NFV 的体系结构(ETSI[82]提出)

NFV 的体系结构如图 2.12 所示，其主要包括如下几个部分。

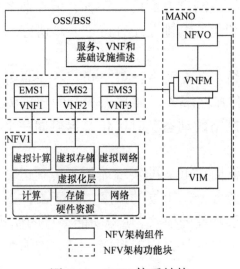

图 2.12　NFV 体系结构

运营和业务支持系统(OSS/BSS)：支撑端到端电信服务

的主要管理系统,需要与 NFV 编排器协同交互完成网络服务描述、网络服务生命周期管理、虚拟资源故障、性能信息交互以及策略管理等功能。

网元管理(Element Management System,EMS)与虚拟网络功能(Virtual Network Function,VNF)共同构成 NFV 域。EMS 对 VNF 进行管理,VNF 运行于 NFV 基础设施之上,以软件形式实现各种特定的网络功能。

NFV 基础设施(NFV Infrastructure,NFVI):为 VNF 提供虚拟的计算、存储和网络资源,以及 VNF 部署、管理和执行的环境。

NFV 管理与编排(Management and Orchestration,MANO):主要由网络功能虚拟化编排器(NFV Orchestration,NFVO)、虚拟化网络功能管理器(VNF Manager,VNFM)、虚拟化基础设施管理器(Virtualized Infrastructure Manager,VIM)组成。其中 NFVO 负责网络服务的生命周期管理以及相应策略,并提供跨数据中心、跨厂家协同管理等功能。VNFM 是虚拟化网络资源 VNF 的全生命周期管理工具,提供 VNF 实例化、缩放、更新、终止等功能。VIM 负责对 NFVI 资源的管理和监控,包括对硬件资源、虚拟机的管理和监控、故障排查、状态上报、向上层提供部署接口等。

2.7.2　网络功能虚拟化技术研究进展

近几年,NFV 技术已日趋成熟,主要体现于以 ETSI 提出的 NFV 标准结构层次为依据,在虚拟化网络功能的构建与优化、部署与迁移、控制与管理等方面的技术上取得了较为丰富的研究成果。

(1) NFV 的构建与优化

NFV 的重要思想是网络功能的虚拟化实现，对于某个给定的服务可以分解为多个虚拟化网络功能，这些功能可以用软件实现并运行于通用服务器之上，从而将网络服务的实现转化为虚拟化网络功能序列的构建。

高效的虚拟化网络功能构建方法是 NFV 系统平台层面研究的目标之一。目前主流构建方法基于模块化思想，即倾向于通过设计虚拟网络功能模块，并以此为基础通过组合、定制等形式实现虚拟网络功能。其发展趋势是实现虚拟网络功能的通用化和组件化，通过设计专门的自动化虚拟网络组件构建框架，支持 NFV 开发从单一模块重复编码转变为模块的灵活组装，从而简化 VNF 开发难度，促进 NFV 的发展和创新。

由于 NFV 主要基于虚拟化技术，因此软件实现的网络功能与其运行的虚拟化平台耦合紧密，存在着较大的依赖。但无论是虚拟机管理平台(如 Xen 或 KVM)，还是托管的操作系统(多数为 Linux)，往往缺乏针对性的优化，使得虚拟化网络功能的处理性能低下。为了解决性能问题，人们提出通过操作系统驱动优化、网络功能隔离机制优化等方法提升 NFV 处理性能。其中，Martins 等提出了高性能模块化虚拟网络功能构建和运行平台 ClickOS[83]，减小了系统运行所需的计算资源和存储资源，并优化了网络驱动，与 KVM、Xen 原生驱动相比，报文处理延迟降低 62%，吞吐率大幅提升到 546Mbps，是传统机制的 2～8 倍[83]。Panda 等实现了高性能虚拟网络功能构建框架 NetBricks[84]，通过使用 Rust 和 LLVM 来实现软件内存隔离，在编译阶段通过类型检查来实现数据包的隔离，优化后的机制可以实现达到 1.6Gbps 的吞吐量，比基于虚拟机的隔离提升 11 倍，比基于容器的隔离提升 7 倍[84]。

网络应用开发商通常要针对不同的需求来定制 NFV 管理系统，其性能优化主要有多个网络功能共享数据包处理模块、数据包并行处理和资源部署最小化三种方式。比如，通过多个网络功能共享数据包处理模块，OpenBox[85] 和 CoMB[86]可以有效缩短数据包处理时延；典型的数据包并行处理方法包括 NFP[87]等；而 E2[88]和 OpenBox 提出了具有 NFV 通用管理功能的系统框架，CoMB 在网络功能部署方面还考虑了 NFV 平台资源利用率最小化的问题。

(2) NFV 的部署与迁移

NFV 平台资源分配和迁移策略的计算由 MANO 来实现。由于虚拟化网络功能的部署和迁移需要消耗一定的网络带宽、硬件存储、交换机资源等，MANO 会采用优化模型建模的方法，根据虚拟化基础设施管理器(VIM)以及虚拟化网络功能管理器(VNFM)中算法优化设计,从虚拟化网络功能的部署、调度以及虚拟化网络功能服务链构造三个维度来计算 NFV 平台的资源分配及动态迁移策略。

虚拟化网络功能的部署问题可以采用数学规划方法，如整数线性规划(Integer Linear Programming，ILP)和混合整数线性规划(Mixed ILP，MILP)。ILP 和 MILP 通常由开源优化软件 CPLEX、LINGO 和 GLPK 实现。在 ILP 研究方向上，Bari 等在最小化运营支出的前提下，实现了最大化网络利用率的部署方式；Luizelli 等通过建立 ILP 模型，减小了网络端到端延迟和资源过度供给现象；Riggio 等提出了基于最短路径和递归贪心的算法，实现了基于 WLAN 的 NFV 优化部署[89]。在 MILP 方面，Addis 提出了一个描述 NFV 部署问题与传统路由关系的 MILP 模型，网络功能虚拟化基础设施资源消耗节省了 70%，网络连接利用率提高了 5%。

鉴于 NFV 的部署场景各不相同，MANO 会针对性地选择存储、计算、带宽、时延等不同的模型输入参数，依据负载均衡、服务质量、经济效益、绿色节能等不同目标，选择不同的优化策略。

在优化策略方面，由于 NFV 资源分配和迁移策略的计算是 NP-hard 问题[90]，可以通过最优化、启发式和元启发式等方式来求解。对于小型网络，可以采用线性规划问题中的分支定界、分支定价等最优化算法。启发式算法适用范围较广，例如，Lucrezia 等提出了一个具有从网络角度优化动态迁移能力的调度程序；Eramo 等提出了一种基于 Viterbi 算法的启发式方法(动态规划算法)来降低网络功能迁移中的能源消耗；Andrus 等提出了针对固定和移动网络融合(Fixed-Mobile Convergence，FMC)中的两套机制，一个是建立动态迁移专用连接，另一个则是通过迁移网络功能设备，例如内容缓存和性能监控服务器来优化网络利用率；Cerroni 和 Callegati 提出了云网络环境中两种用于迁移多个网络功能的方案，顺序迁移和并行迁移。元启发式算法通常用于在离散搜索空间内通过迭代方式求解。Mijumbi 等提出了三种启发式算法(贪婪策略)和两种元启发式算法(TS 算法、禁忌算法)，其中，启发式算法将虚拟化网络功能分别映射到具有最高可用缓冲区容量的节点、最早完成时间队列的节点和具有最高可用缓冲区容量的节点, TS 算法则优化了本地搜索机制, 减少了流量调度时间, 禁忌搜索算法解决了网络功能动态部署和调度问题[91]。

(3) NFV 的控制与管理

在 NFV 平台中, MANO 负责对虚拟化网络功能进行控制和管理。网络管理员会根据网络中不同的服务特点来制定、配置并实施相应的处理策略, 数据流将按照设定的策略依次进入虚拟化网络功能服务链; NFVO 通过对控制策略实施验证, 完成 MANO 与 NFV 层虚拟化网络功能之间的交互; VIM 则以灵活的负载均衡和状态管理机制, 确保平台中的虚拟化网络功能高效、稳定运转, 完成 MANO 与 NFVI 资源之间的交互。

由于虚拟化网络功能对数据流量的处理存在不确定性, 具有多路连接复用、网络内容缓存等现象, 通常要求处于服务链后端的网络功能根据不同的状态对数据流量进行不同的处理, 这就使得预设的策略无法正确地实施。同时, 数据包在经过网络地址功能(Network Address Translation, NAT)等网络功能的过程中, 包头内容往往会发生变化, 也会造成后续基于策略的网络功能难以对动态修改后的数据包进行正确的处理。

针对虚拟化网络功能对网络服务状态的依赖和对数据流量进行动态修改的特点, 目前主要有附加上下文和分解服务链两种方法。Fayazbakhsh 等通过在网络数据包上附加策略处理执行的上下文信息, 实现了基于 SDN 网络架构的 NFV 系统 FlowTags[92], 解决了有状态网络中 NFV 控制策略正确实施的问题。Gember 等实现的 Stratos 系统[93]则采用服务链分解的方法，将改变数据包内容的网络功能进行复制，通过多条服务功能链和基于 SDN 的流量调度解决动态变化的数据包带来的策略难题。尽管 Stratos 系统在复制多个相同的虚拟化网络功能的过程中需要消耗更多的资源，但与 FlowTags 需要修改代码来附加上下文信息的做法相比，降低了开发和维护的成本。

　　策略实施验证的手段主要分为静态验证和动态验证两种。静态验证方法先对虚拟化网络功能的数据转发行为建模，并通过数据报文的形式化描述和符号检查机制来验证。代表性的工作是 SLA-V，其中使用的静态验证模型准确率达到 92%[94]。然而，静态验证只能用于检测控制策略向网络配置转化的准确性，即软件层面的漏洞。在真实的网络环境中，还需要对硬件异常造成的错误进行数据流量动态验证。代表性的工作是 BUZZ[95]，其首先按照预设的控制策略，结合网络功能模型库，对数据平面进行建模；然后根据相关策略生成能够触发数据转发操作的测试流量；最后通过对比测量流量实际与预期转发行为实现动态验证。

　　MANO 面向虚拟化基础设施，实现良好的负载均衡和状态管理，也是 NFV 需要解决的关键技术之一。硬件方面，电路故障、线路故障、设备故障等关键基础设施方面的状况会影响 NFV 平台的稳定性，引发网络故障。软件方面，NFV 处理网络流量依赖于数据流的状态信息，在虚拟化网络功能扩展与合并过程中，往往需要对数据流的状态进行管理和同步，确保数据处理结果一致。代表性的工作包括：基于多阶段负载均衡的 Startos[93]、支持动态均衡扩展的 FreeFlow[96] 及解决丢包乱序的 OpenOF[97]、基于程序分析的 StaterAlyzr[98]、支持容错扩展的 FTMB[99]等。

2.7.3　网络功能虚拟化的应用与平台

(1) 典型的应用场景

NFV 应用场景极为广泛，其典型应用场景包括云数据中心网络功能虚拟化、蜂窝基站虚拟化、移动核心网虚拟化、家庭网络虚拟化等，接下来主要针对这四种场景作简单的介绍。

云数据中心网络功能虚拟化：云数据中心网络功能虚拟化是为了使得数据中心和用户能够享用便捷、高效又安全的网络服务[100]。NFV 灵活的组装方式和可靠的网络功能，不仅可以应对来自云数据中心庞大复杂的网络流量，还可以依托虚拟机操作系统运行虚拟网络功能来为用户提供个性化的、独立可配置的网络服务，从而实现对多租户的支持。

蜂窝基站虚拟化：蜂窝基站虚拟化的目的是通过分布式基站的网络结构来实现基站的灵活部署，进而降低运营商的运维成本。运营商主要是利用云无线接入网(Cloud Radio Access Network，C-RAN)[101,102]的方式，实现数据中心对室内基带单元池(Building Basehand Unit, BBU)的资源虚拟化。基于 NFV 架构(主要是对 BBU 的集中和虚拟化)的 C-RAN 能够减少硬件基站的部署数量，降低了运营商的运维、能源开销、场地租金等成本，也节省了大量的计算资源部署开销。

移动核心网虚拟化：移动核心网虚拟化的主要目的是解决传统移动核心网络中存在的网络管理成本高、设备服务升级代价大等问题。移动核心网通过应用 NFV 技术[103,104]，如管理移动实体、规范用户服务器、PGW 以及策略和计费规则功能等，构建更为灵活、高效、智能可扩展的网络架构。同时吸收了 NFV 动态扩展、资源共享等优势，降低了设备部署开销、提高网络服务的可靠性和稳定性。

家庭网络虚拟化：家庭网络虚拟化的主要目的是能够通过低价格、低成本的网络设备来确保用户到互联网的物理连接性，降低网络运营商成本的同时为用户带来更高质量的网络服务。NFV 在家庭网络中的应用，不仅避免了客户前置设备(Customer Premise Equipment, CPE)的频繁维护和更新，大大降低了运营商的维护成本，同时还带来了资源共享的优势，提供了极大存储能力、实现异地多设备共享功能，大大提高了用户的上网体验。另外，基于 NFV 的动态服务质量管理能力，可以实现用户个性化需求和可控的内容供应，并且实现最小化各种类型的服务对 CPE 的依赖性。

(2) 部分 NFV 平台

现有的 NFV 平台主要以实验平台为主，也有少量商用平台正在建设。

一般的实验平台，主要由各大网络设备公司或者学校牵头，构建大型局域网环境来模拟 NFV 实际使用环境。全球网络创新环境(GENI)，包含如 TangoGENI、ample 在内的实验平台，主要实现方式是将校园等场所的局域网结合起来以及搭建多运营商网络流量测试平台，从而提供广泛的分布式资源和虚拟化技术支持。华为 NFV OpenLab 于2015 年 1 月建立。该实验室由华为联合 VMware 和 Red Hat

等技术公司共同参与研发。EmPOWER 是由意大利特伦托大学研究人员搭建的测试平台，可模拟虚拟设施从而允许评估和测试大规模 NFV 场景中的算法。OpenSDNCore 是基于网络数据中心或 COTS 的基础设施来验证 NFV 和 SDN 概念的软件环境，能够提供管理 VNF 实例的安装和生命周期，以及编排 VNF 构成的网络服务等功能。

在国内的 NFV 平台研制中，国防科技大学研制的玉衡 NFV 平台具有很好的代表性。其通过在工业界标准服务器上采用虚拟化技术来实现网络功能，实现网络功能组件的动态部署、编排与管理。玉衡 NFV 平台具备数据中心网络服务功能可控、性能可控、安全可控、管理可控与网络服务按需分配能力。既可以部署在企业、高等院校等数据中心，为其提供面向特定应用需求的网络功能保障；也可以用作各种新型网络功能开发的试验平台。下面将对玉衡 NFV 平台的架构进行详细的介绍。

玉衡 NFV 平台是面向数据中心应用的网络功能虚拟化平台，其充分借鉴融合 SDN、NFV、云计算、大数据、容器技术等理念和方法，采用超融合一体化体系架构，如图 2.13 所示。平台硬件单机框集成了通用计算组件、高性能交换组件和 FPGA 加速组件。平台软件主要包括云平台的 NFV 承载系统软件、NFV 管理系统与 NFV 应用服务系统。

超融合硬件分系统：其采用超融合一体化设计，高度集成交换、计算、存储和特定硬件加速模块，具有高密度、高集成度、高计算能力和高通量报文处理能力。该分系统主要包括两部分，第一部分是基于国产 CPU 的 NFV 虚拟化计算平台，主要包括计算、网络、存储和硬件加速模块；

第二部分是高速网络交换服务平台，主要由网络切片子系统、报文交换子系统组成，主要承担输入报文的快速交换和切片分配。

　　NFV 承载分系统：其主要由硬件资源虚拟资源池、虚拟化网络功能和虚拟化管理组件构成，其中，硬件资源虚拟资源池包括计算、网络、存储和虚拟切片资源。虚拟化管理主要由 Kubernetes 这一扩展和管理容器化应用程序的开源系统实施，集成自主研发的虚拟化网络服务功能链组链单元，可以有效管理调度虚拟化资源，为虚拟化网络

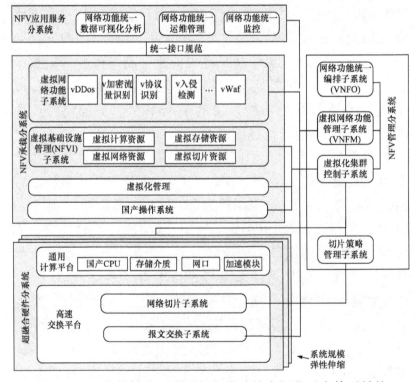

图 2.13　面向数据中心应用的网络功能虚拟化平台体系结构

功能服务单元提供 SDN 网络支撑。在虚拟单元上，部署各种虚拟化网络功能，提供网络功能服务。

NFV 管理分系统：其由网络功能统一编排、虚拟网络功能管理、虚拟基础设施管理、切片策略管理等部分组成，实现对数据平面的控制和管理。

NFV 应用服务分系统：其由网络功能统一数据可视化分析、网络功能统一运维管理、网络功能统一监控等部分组成。

除去上述的 NFV 实验平台，各网络设备制造商、通信运营商、互联网企业等在 NFV 平台的部署上也取得了较大的进展。2015 年 3 月起，Verzion 公司(美国运营商)与 Cisco、爱立信、Juniper、诺基亚合作，设计大规模的 NFV 部署，并于同年 12 月开始为全美的数据中心提供产品，该项目创造了 Verizon-NFV 生态系统和大规模 OpenStack 生态系统中的产品从设计到投产的记录。2016 年，由 Vodafone 公司(英国运营商)主导的代号为 "Ocean" 的虚拟化项目正式落地，其正集中精力进行全网的虚拟化战略。2017 年，AT&T公司(美国电信运营商)在通信峰会上表示，该运营商在2016 年年底实现了其网络 34% 的虚拟化，到 2020 年，该公司将实现网络虚拟化达到 75% 的目标。

2.7.4　网络功能虚拟化技术发展趋势

(1) 保证性能上的平衡和网络稳定性

NFV 基于业界标准服务器来实现，放弃了很多专用硬件设备如硬件加速引擎，有可能导致用户使用性能的下降。NFV 未来的发展需要考虑使用现有的软件技术和虚拟化技术来尽可能支撑性能指标，如链路利用率、流量处理延迟、系统吞吐率等。同时，在管理和保障大量来自不同设备供应商及虚拟层的虚拟设备的时候，为确保网络的稳定性不受影响，应建立维护网络稳定性机制。

(2) 提高可移植性

对于不同的标准数据中心而言，调用和执行虚拟化设备的能力严重依赖于提供设备的供应商。高可移植性能够使不同的虚拟设备以及数据中心的供应商支持不同的业务系统，同时每个业务系统又有明显的相互关联和依赖。NFV在推广过程中，需要克服通过定义一个标准统一的接口来区分软件实例和底层硬件的难点。

(3) 寻求与传统设备的兼容共存

NFV 的实施必须要考虑与网络运营商的原有网络设备的共存及当前 IT 设备、网络管理系统等的兼容性问题。因此未来 NFV 架构的发展必须支持从专用物理网络设备升级，到传统网络设备和虚拟网络设备相结合的模式下运行。

(4) 管理编排和整合

为了高效地将各网络功能组织成服务功能链并保障管理和业务流程的一致性，NFV 需要提供软件网络一体设备的方式，快速地将接口管理业务与定义好的标准和需求统一起来，从而降低将新虚拟设备整合进网络运营商操作环境所需要的成本和时间。NFV 建设需要建立机制或开发合适的工具来形成完善的生态系统，提供集成服务和接口，维护和支持第三方产品，保障各类虚拟设备无缝的整合进现有的行业标准服务器机器虚拟层的能力。

(5) 运维简单和自动化需求

NFV 需要确保平台虚拟化后的环境比原有的更易于

操作和管理，简化运维。其主要包括支持各类复杂的网络平台、系统和重要的业务支撑服务，以确保主营业务收入；同时还需要提高自动化能力，流程的自动化才能促进 NFV 的可扩展性。

(6) 安全性

与传统网络服务类似，NFV 功能被引入网络的同时，需要确保运营商的网络安全性、可用性不受到影响。NFV 架构中的安全问题主要包括 NFV 基础设施中的安全问题和虚拟化网络功能中的安全问题。在基础设施中的安全问题方面，外部管理威胁主要来自网络管理员或 NFV 平台管理员的违规操作，通常可以通过制定严格的设施操作流程来避免；自身安全隐患则往往出自 NFVI 软硬件的设计和实现缺陷，通常可以让 NFVI 设备通过安全认证来减少自身存在的隐患。虚拟化网络功能中的安全问题主要来自管理策略缺陷和软件代码漏洞，需要引入标准的安全机制来对虚拟化网络功能的控制和运行过程进行认证、授权、加密和验证，以增强其安全性。此外，NFV 在确保底层基础架构的安全之上，还需要检查虚拟设备、网络空间环境的安全性，如网络动态迁移中针对状态一致性的安全攻击、共享虚拟化资源的过程中的安全隐私等问题。

2.8　网络安全技术

2.8.1　网络安全系统的主要分类

网络安全是指保护网络系统中的硬件、软件及系统中的数据不因偶然或恶意原因而遭受破坏、更改及泄露，保证系统能够连续、可靠和正常运行，提供不中断的网络服务。这里的网络安全不是网络空间安全，而是指网络化系统的安全。

网络安全系统与设备是一个分布十分广泛的产业链，包括数百种设备和系统。每种系统和设备又根据各种应用场景和网络的不同，分为很多具体的型号，目前尚无现有网络安全技术及相应设备比较清晰的分类。

早在2000年，美国国家安全局在 *Information Assurance Technical Framework* 中提出了信息安全的 CIA 三角属性，即机密性(Confidentiality)、完整性(Integrity)和可用性(Availability)。随后，不可抵赖性(Non-repudiation)成为安全的又一共识属性。后来也有学者提出可靠性、内容安全性等属性。内容安全既涉及文化安全，也涉及国家法律，其在技术上的着眼点是根据内容来对安全问题进行判断。虽然对现有网络安全技术及相应设备进行清晰分类比较难，但大体上，网络安全技术都是为了保证网络安全各个属性的综合平衡。

本节尝试根据安全系统或者设备的部署位置以及其所针对的对象，将安全系统与设备分为主机安全、内部网络安全、网络边界安全和公共网络安全四大类系统和设备。

1) 主机安全系统和设备

其部署在个人电脑或者服务器上，主要实现对主机的安全防护。该类安全系统和设备主要包括如下几个方面。

(1) 主机防火墙。主机防火墙(又称为个人防火墙)是一个安装在个人计算机上的软件。该计算机与网络的所有流量均要经过此主机防火墙，因此，防火墙能够对进出的流量进行安全分析，并监控和阻止任何未经授权允许的数据进入或发出到互联网或其他网络。

(2) 加密系统。加密系统既实现数据存储的加密，又包括对执行程序的加密。其大体上是以软件的形式存在。加密系统包括独立存在的加密软件(如 PGP、WinRAR，以及 Win7 旗舰版开始支持的 Bitlocker 等)和嵌入在其他系统中的加密软件(如数据库所嵌入的加密功能、针对各种应用文档的加密等)。软件加壳则是一种执行程序的加密措施。

(3) 备份系统。备份系统是为了防止无意操作失误或恶意破坏操作等人为因素，或者系统故障等意外原因导致数据丢失，而将整个系统的数据或部分关键数据，通过一定的方法从计算机系统的存储设备中复制到其他存储设备的过程。备份系统包括文件备份、磁盘备份、数据中心备份和数据库备份等系统。备份的方式包括完全备份、增量备份和差量备份。备份系统属于确保"可靠性"或者"完整性"的产品。

(4) 主机防病毒软件。主机防病毒软件是一种计算机程序，可以检测、防护、并采取行动来解除或删除恶意软件程序，如病毒和蠕虫等。主机防病毒软件与防火墙软件有根本区别，防火墙软件根据数据包中源 IP 地址、目的 IP 地址、源端口号、目的端口号等报文头信息，或者连接关系与控制规则进行匹配，以决定允许或拒绝报文进出系统；而防病毒软件一般根据应用数据与病毒特征库进行匹配，以判断外部进入的文件是否包括病毒。

(5) 主机审计系统。主机审计系统用于对用户终端的监控和防护。由于内网终端具有连通便捷、应用系统多、重要数据多等特性，因此极易出现应用系统被非法使用、数据被窃取和被破坏等情况。主机监控系统通过监控移动介质的使用、网络的连接情况、文件的打印等功能来生成日志上报管理中心，以实现预防性的管理和事后取证等，可以有效防范源自内部的安全问题。

2) 内部网络安全系统与设备

其部署在内部网络中，主要实现对内部网络的行为监控、响应或者漏洞扫描。该类安全系统与设备主要包括以下几个方面。

(1) 流量与服务监控类。例如，网络安全审计系统通过流量还原用户的行为，并按照一定的安全策略，记录系统活动和用户活动等信息，检查、审查和检验操作事件的环境及活动，从而发现系统漏洞、入侵行为或改善系统的性能。

(2) 用户认证类。其实现对用户进行认证、授权和记账，如认证系统。认证系统一般与具体应用紧密相关，包括口令、生物指纹和 U 盾等。

(3) 漏洞扫描类。其主要目的是实现对已知威胁的检测与防护。实现过程为通过一个已知的漏洞数据库，利用扫描等手段对指定的计算机服务进行探测，并观察其响应获取服务的版本并对比已知漏洞数据库，从而发现可利用漏洞。该类系统既是实现一种安全检测行为，也是实现一种通过攻击进行渗透测试的行为。

(4) 安全防御类。其主要目的是针对未知威胁或者动态入侵过程实现实时防御。例如对攻击方进行诱骗的技术，即通过部署或者模拟部分主机，或者部分网络服务，吸引攻击方对其实施攻击,从而可以对攻击行为进行实时捕获、记录和分析,并了解攻击方所使用的工具与方法,推测攻击意图和动机,从而让防御方能够清晰地了解他们所面对的安全威胁、可能的对手,以及取证,并通过技术和管理手段,增强实际系统的防御能力。

3) 网络边界安全系统与设备

其部署在内网和外网的边界上,主要实现三个方面的功能。一是进行访问控制,即只允许合法的流量通过边界,如单向系统、网络防火墙、应用防火墙;二是对内外网之间的流量进行即时监测,在发现可疑传输数据时,发出预警提示,或者直接采取主动反应措施,如入侵检测系统(Intrusion Detection System,IDS);三是用于内网用户需要通过公共网络访问内网时的加密,如虚拟专用网络(Virtual Private Network,VPN)设备。

4) 公共网络安全系统与设备

其是网络运营商部署在骨干网络上对整个网络流量或者基础的网络服务进行安全防护的系统。这类安全系统与设备主要包括骨干网络上的 DNS 监测系统、路由监测系统、DDoS 防护系统、反垃圾邮件系统、舆情监测系统等。

2.8.2　网络安全发展动态

随着"互联网+"、5G、物联网和大数据等新技术的不断发展,网络应用进一步在各行各业中普遍开展,致使安全形势进一步严峻,总体上表现在以下几个方面。

(1) "确定"的安全变得越来越难

由于信息化所带来的便捷性,传统的信息域、工业域和社会域之间紧密相连，形成了网络空间这个新的疆域，实现了随时随地的信息全连接能力，因此整个信息系统变成了一个复杂的巨系统。传统上，可以认为隔离系统是相对安全的，但是随着信息系统变得越来越复杂，绝对的、完全的隔离已经不可能，这使得网络对抗领域处于事实上的非对称作战。从防御方来看，木桶的任何一个短板都可能带来连锁反应，进而导致全局的安全失控，使得防护方处于相对被动的状态，导致全球安全事件频繁发生。构建全域和全时空的防护系统在事实上已经变得不可能。因此，发现漏洞和弥补短板，进一步发现问题，再进一步弥补的"携漏生存"将成为一个长期和迭代的过程。

(2) 数据利用与隐私保护得到高度重视

随着人工智能和大数据时代的到来，数据的价值得到越来越明显的体现。"数据驱动"成为新的动因，国家和团队之间的竞争焦点正从对土地、矿产、人口等资源的争夺转换到对数据的争夺。海量数据的跨境流动和跨组织流动，加大了数据作为战略资源失控的风险。数据保护和数据利用成为国家和组织之间竞争的重要内容。

一方面，要形成大数据优势，需要多样和庞大的数据来源和强大的数据分析能力。其主要依赖两方面的力量：一是拥有大数据的公司如 Google、Facebook、腾讯、阿里和百度；二是一些初创的数据分析公司，他们虽然没有充足的数据源，但具有分析能力，可以参与行业大数据的分析。当前，自有数据、开源数据和行业数据是大数据分析的原材料，在数据利用过程中，如何甄别和保护是关键和核心问题。

另一方面，数据泄露事件频繁发生。2018 年，Facebook 出现近 5000 万用户信息泄露，并被商业团体和政治团队利用，以进行产品推销和选举过程的精准广告投送，被美国政府处以巨额罚款。2019 年，搜索引擎公司 Elasticsearch 被曝光，泄露高达 27 亿条数据记录，包括 VOIP 的电话号码与短信、各大银行的贷款文件和青年学生组织的志愿者信息等，此事件可能进一步波及使用 Elasticsearch 进行数据分析的大型公司。在国内也同样出现了多起数据和信息的泄露事件，例如 2018 年发生的华住酒店集团数据泄露事件、2019 年发生的智能家居公司欧瑞博客户信息外泄事件和 2019 年发生的深网视界 250 万人的信息泄露事件等。因此数据泄露问题变得十分严峻，既有防不胜防的原因，也有数据公司对数据安全重视程度不够、保护数据安全的投资和技术投入不足的原因。在数据泄露事件中，黑客入侵是导致这些事件发生的主要手段，而利用互联网开展经营的公司、大数据分析公司、政府机构和金融领域则是信息泄露的重灾区。

为了有效地保护数据的安全，数据安全法规正在有序制定。2017 年，我国颁布的《信息安全技术个人信息安全规范》规范了信息控制者在信息收集、保存和使用方面的相关行为。2018 年 8 月，欧盟颁布 *General Data Protection Regulation*(GDPR)，即通用数据保护条例，厘清了个人、组织和政府利用数据的规则和责任，并制定了相应的隐私原则。该条例因其高额罚款和全球追溯而被称为史上最严的隐私保护法。美国虽然没有统一的联邦数据保护立法，但是针对一些专门的领域，如电信、金融和儿童在线教育等行业都有专门的立法保护。同时，一些地方州政府也出台了一些相关的法案，如加州的消费者隐私法案已于 2020年 1 月生效。

(3) 安全防护动态化

传统的信息安全防护主要采用静态网络安全技术，如防火墙、入侵检测系统、加密和认证技术等。然而这些传统的静态防御技术无法抵御新的攻击且无法针对新的攻击手段动态变更防御策略并加固。因此建立新型动态网络安全防护系统显得尤为重要。

动态网络安全防护是通过对系统运行过程和运行状态进行实时监控，对捕获的网络流数据和日志进行分析，从而获取黑客入侵手段。其在取证的同时，对攻击进行跟踪回溯，并动态更新防御手段。除了建立多层防御体系之外，整体的防御能力还需要能够动态升级，各个安全组件能够互动。最为重要的是，应急响应能力要成为核心，在安全事件发生时，能够及时采取行动，限制事件扩散的范围，限制潜在的损失与破坏，并追查事件来源，提出解决方案。在这个过程中，人才成了安全防护的决定性因素。

(4) 网络空间军事化趋势明显

网络空间已成为国家间竞争的主要领域，各国主要利用信息技术掌握他国情报，瘫痪对方基础设施和军事指挥系统，并不断增强自身的网络防御和对抗能力。当前网络空间的竞争和对抗态势愈演愈烈，甚至出现了军事化势头。

1991 年的海湾战争中，美国对伊拉克实施的网络战，一般被认为是网络战的开端。2009 年美国创建网络司令部。2017 年，网络司令部升级为一级作战司令部，是美军执行网络情报战、网络舆论战和网络摧毁的国家级机构。日本则组建了专门部队保护国防通信网络免受攻击，并执行新版本的网络安全战略，而北约提出将成立网络指挥部，并开始开展大规模的网络安全演习。韩国也于 2019 年开发信息化的情报监控系统。近年来出现的震网、乌克兰断电、委内瑞拉大停电和 Flame 病毒事件等事件的复杂性和所利用的各种技术，都能看到国家间对抗的痕迹或者迹象。

第 3 章　数据中心网络技术

3.1　数　据　中　心

　　数据中心是提供网络计算的基础设施，通过网络手段将各种计算机系统的计算、存储、联网和可视化等资源整合管理，从而提供强大和灵活的计算能力和数据处理能力。随着云计算、人工智能等技术的飞速发展，数据中心已经成为企业提供基础设施和应用服务的最重要基础平台，并受到学术界和工业界的广泛重视。

　　随着计算技术、网络技术和存储技术等的不断发展，数据中心架构也随之产生许多变化，可以分为以下几个阶段。

1. 小型数据中心阶段

　　小规模服务和主机托管是本阶段的主要特征。在这个阶段，数据中心主要是为了减轻各个部门或小型单位自己所管理服务器的负担。该类数据中心仅由一台或者多台高性能的服务器所组成。通过常规网络技术，数据中心中的服务器和存储设备等被连接起来从而共同向外提供多种服务并协调工作。这样即使个别服务器出现问题，外部用户仍然可以在互联网下实现对数据中心各类应用的访问。但是这个阶段的数据中心中相当一部分服务器都是有业主单位的，不同业主的服务器是不能交叉共享的。

2. 中型数据中心阶段

这个阶段数据中心特征以服务虚拟化为核心。这类数据中心通过扩大数据中心的服务器规模可以实现向数千人提供服务。数据中心内部则利用了多种优化性能的设备和技术。这个阶段服务器之间的网络连接主要通过虚拟交换机(vSwitch)连接，同时主机托管数量大大减少。

3. 大型数据中心阶段

这个阶段数据中心的特征是其内部的多种网络开始融合。在之前的数据中心发展阶段中，存储网络和业务网络等是分离的，两者一直在独立发展。由于数据中心建设成本越来越高，研究者们已经在研究对两种网络进行合一，各种网络融合的技术也纷纷开始出现。特别是随着 RDMA 技术的广泛使用，同一个数据中心可以服务成千上万个租户。此时的数据中心往往在业务上要进行划分，同时企业通过对数据中心的设备规划、电力、制冷、供电等综合性分析进行降耗，降低数据中心的运维成本。

4. 超大数据中心阶段

这个时期的特征是多数据中心融合，云计算与数据中心高度融合。为了能够为更多用户提供不间断的服务，数据中心服务提供商需要在多个场地建立多个数据中心，共同提供服务。通过在数据中心部署虚拟化和 VXLAN 等支撑底层技术，可以完成多数据中心之间的业务无感知迁移，从而实现为数千万人甚至更多的人同时提供服务。此时的数据中心虚拟化技术无所不在，网络、存储、安全、服务器等都要部署虚拟化技术。数据中心也不再按照业务类型划分，而是按照云来划分，可以分为公有云、私有云、专有云等。

3.2　数据中心网络

网络是数据中心的重要基础设施，大量的计算和存储节点通过商用网络或者特殊设计的网络技术，按照特殊的网络结构连接起来构成数据中心网络(Data Center Network，DCN)[105]。与传统的局域网和广域网交换技术相比，数据中心网络需要克服能耗高、规模大、应用范围广和服务要求严格等复杂问题。特别是数据中心网络的组网方式，需要随着数据中心规模的增大，不断应需而变。数据中心网络的组网方式主要包括如下四种类型。

(1) 生成树协议(Spanning Tree Protocol，STP)。STP工作在 OSI 的第二层，可以将物理上存在冗余的网络拓扑转换为逻辑上的无环拓扑结构，用于防止交换机产生环路，避免网络中的广播风暴对交换机资源的消耗。STP 通过端口阻止机制进行工作，可以确保到特定点的连接只有一条路径，其余冗余路径不进行数据转发，但这种工作机制同时也造成了系统带宽资源的浪费，降低了系统的转发效率。因此只能在小型数据中心应用。

(2) 多链路透明互连技术(Transparent Interconnection of Lots of Links，TRILL)。随着数据中心业务需求不断增加，网络规模逐渐加大，传统的 STP 难以适应大型数据中心的组网需求，因此催生了大二层组网技术。大二层组网技术可以在二层网络的基础之上融合三层路由的稳定性强、扩展性好、性能高等优点。TRILL 则是在二层网络基础上，增加基于 IS-IS 协议扩展的单播路由协议和多路径的功能，在有效避免环路的基础上，更有效地利用网络带宽，同时 TRILL 还具有收敛快速、部署方便、易支持多租户等优点。这个技术适合中型和大型数据中心的组网需要。

(3) 以太网光纤通道(Fiber Channel over Ethernet，FCoE)和数据中心桥接(Data-Center Bridge，DCB)。传统的数据中心组网使用两种相对独立的以太网和存储区域网(Storage Area Network，SAN)，分别用于服务器通信和服务器与存储设备之间的通信。但是随着数据中心服务器数量大幅增加，两种网络独立的组网方案使得部署的一次性成本和长期的维护成本也大幅增加，融合网络技术 FCoE 可以整合不同类型网络，DCB 可以为 FCoE 提供传输质量保证。

(4) 虚拟可扩展局域网(Virtual eXtensible LAN，VXLAN)。VXLAN 是一种通过三层网络来搭建虚拟二层网络的 Overlay 技术。该技术可以在不改变原有网络结构的条件下在数据中心中实现虚拟机在三层网络范围内的自由迁移。VXLAN 解决了传统二层 VLAN 资源不足的问题，并且降低了部署难度，节约成本且易于维护。VXLAN 适合在大型、超大型、跨地域数据中心中使用。

而在网络拓扑结构上，经典的数据中心网络根据网络规模一般采用树型的两层或三层拓扑结构进行互连，互连的交换机按层次分为接入层(Access Layer)、汇聚层(Aggregation Layer)和核心层(Core Layer)。

(1) 接入层一般采用较为廉价的交换机，负责接入边缘服务器，由于接入层交换机通常位于机架顶部，所以这些交换机通常被称为 ToR(Top of Rack)交换机。

(2) 汇聚层相比于接入层一般采用端口数更少而交换速率更快的交换机。汇聚层交换机负责连接接入层交换机，主要完成对流量在接入核心层前的汇聚，以减少核心层设备的网络负荷。汇聚层交换机同时可提供负载均衡、入侵检测等服务。当数据中心网络规模较小时一般采用两层结构，即不需要汇聚层。

(3) 核心层一般采用千兆以上的高带宽交换设备，负责整个网络的高速交换，具有高效性、容错性、可靠性、冗余性和低延时性等特性。核心层是数据中心网络的枢纽中心，对整个网络的连通和数据交换具有至关重要的作用。

经典的三层结构数据中心网络存在带宽不足、扩展性差和单点失效等问题。因此，数据中心网络的拓扑也需要随着数据中心规模的增大而不断演进。为了满足这种需求，各研究机构提出了一些特殊的网络互连结构，例如胖树 (Fat Tree)、VL2、DCell、FiConn、BCube、MDCube、CamCube等结构。上述这些互连结构在一定程度上降低了数据中心网络成本、增强了网络的可扩展性、容错性等性能，但随着数据中心网络规模的迅速扩大，网络带宽和能耗等问题还是没有得到有效的解决。

为此，学术界研究提出了光电混合互连网络架构和全光互连网络架构，但实际应用还在探索中。

(1) 光电混合互连网络架构。早在 20 世纪 80 年代，为解决广域网中数据传输的瓶颈问题，学者们提出了光电路交换机技术。近年来，光电混合互连交换技术在数据中心网络研究中得到了广泛关注。光电混合互连网络架构可有效兼容现有数据中心的电互连技术，同时利用光信号作为其传输介质。光交换技术相比于电交换技术具有更高的传输速率、更少的电量消耗和更低的硬件故障率。典型的光电混合互连网络包括 2010 年提出的 Helios 和 c-Through、2013 年提出的 Mordia，2018 年提出的 MegaSwitch 等。以 Helios 为例，Helios 能够比同规模的电互连网络节约 1/2 的成本、1/5 的设备开销和 1/8 的网络能耗[106]。但光电混合网络中仍存在大量的电互连交换设备，所以光电混合网络未能在能耗和设备开销方面取得显著的优化。

(2) 全光互连网络架构。与光电互连网络架构相比，全光互连网络架构具有低开销、低能耗和高带宽等优势。为进一步提升网络系统效率并降低能耗，研究人员提出了多种面向下一代云计算数据中心的全光网络架构，包括 Proteus 全光互连架构、DOS 全光互连架构、基于光纤延迟线的 AWGR 环回架构、Petabit 全光交换架构等[107,108]。但全光互连网络架构技术还不成熟，在实际应用中还存在很多限制，因此其大规模应用还需要较长的一段时间。

下一节，我们阐述部分当前大型和超大型的典型数据中心网络解决方案。

3.3 典型数据中心网络解决方案

3.3.1 Google 数据中心网络

2015 年，Google 在 SIGCOMM 会议上发表论文详细阐述了过去十多年中 Google 在数据中心网络的创新和演进[109]。论文阐述了 Google 为克服数据中心网络中成本高昂、操作复杂、可扩展规模有限等问题而实施的解决方案，介绍了 Google 十年间逐渐发展的五代数据中心网络。

Google 数据中心网络的演进过程如表 3.1 所示(表中 B 指代阻塞，NB 指代非阻塞)。

表 3.1　Google 数据中心网络演讲过程

数据中心名	部署时间	商用晶片	ToR配置	汇聚块配置	骨干块配置	背板交换速度	主机速度	对分带宽
Four-Post CRs	2004	Vendor	48×1G	—	—	10G	1G	2T
Firehose 1.0	2005	8×10G 4×10G (ToR)	2×10G up 24×1G down	2×32×10G (B)	32×10G (NB)	10G	1G	10T
Firehose 1.1	2006	8×10G	4×10G up 48×1G down	64×10G (B)	32×10G (NB)	10G	1G	10T
Watch tower	2008	16×10G	4×10G up 48×1G down	4×128×10G (NB)	128×10G (NB)	10G	$n×1G$	82T
Saturn	2009	24×10G	24×10G	4×288×10G (NB)	288×10G (NB)	10G	$n×10G$	207T
Jupiter	2012	16×40G	16×40G	8×128×40G (B)	128×40G (NB)	10/40G	$n×10G/n×40G$	1.3P

在 2005 年以前，Google 主要是依赖于设备厂商所提供的产品来建设数据中心网络。但随着数据中心的高速发展，设备厂商所提供的产品已逐渐不能满足需求。因此，Google 于 2005 年开始自主研发，并已演进了五代数据中心网络。第一代名为 Firehose 1.0，总带宽达到 10Tbps。

Firehose 1.0 作为原型系统主要用于验证实现的可行性,并没有实际部署到真实网络中,但也为 Google 在数据中心网络实现上积累了大量的经验。2006 年,对第一代系统改进后,Google 推出第二代数据中心网络 Firehose 1.1 并实际部署使用,该网络采用了与传统的厂商设备网络并肩运行的方式。2008 年,Google 推出了第三代数据中心网络 Watchtower,采用 16×10G 交换芯片,总带宽达到 82Tbps,并全面替代了厂商设备。在第四代数据中心网络 Saturn 中,总带宽达到 207Tbps,网络中计算节点接入达到 10G 级别。2012 年,Google 推出第五代数据中心网络 Jupiter,其引入了 SDN 技术并采用了 OpenFlow,网络带宽达到 Pbps 的量级,已经能够满足 Google 高速增长的带宽需求。下面我们将对 Jupiter 的具体实现和部署进行简单介绍。

Jupiter 的结构如图 3.1 所示。Jupiter 使用了 16×40G 的交换芯片,骨干块分为两层,上层包含 4 组,每组向下提供 32×40G 的连接,下层包含 8 组,同时向上层和下层提

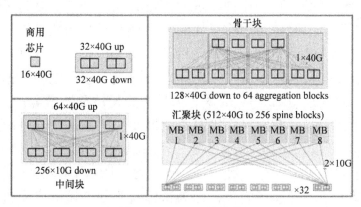

图 3.1　Jupiter 结构图

供 128×40G 的接口,因此一个骨干块可以提供 128×40G 的带宽。

中间块(Middle Block, MB)由 8 个汇聚块(Aggregation Block)构成。每个汇聚块向上通过 512×40G 接口,向 256 个骨干块提供连接,使得每个聚合块与每个骨干块(Spine Block)有 2×40G 的连接。整个网络带宽达到了 1.28Pbps。

相比第一代数据中心网络,Jupiter 的带宽实现了 100 余倍的扩展。而 Google 数据中心内部服务器产生的汇聚层流量在 2008 年 7 月到 2014 年 11 月间也增长近 50 倍。Jupiter 已经在全球几十个站点运行部署。Google 的数据中心网络解决方案在下面两个方面均有较大的技术创新。

1. 数据中心网络互连技术

(1) 彻底取代集群路由器

在 Watchtower 刚开始部署的时候,使用的是 Bag-on-the-side 的部署方式,网络中传统的集群路由器和新型 CLOS 网络共存。这种渐进的部署方式设计之初是为了稳妥和安全,但是经过前三代的网络部署经验和技术积累,新型 CLOS 网络被证明非常可靠。而又考虑到集群路由器的带宽有限且许多应用(如迁移数据服务、集群之间数据拷贝、大规模搜索等)对带宽需求具有突发性和海量等特点,因此 Google 考虑去除集群路由器而采用集群边界路由器(Cluster Border Routers)直接与外部集群网络互连。与外部互连的方式可以有 4 种选项,如图 3.2 所示。Google 最终选择了第四种连接方式,因为这样与外部连接的交换机在一个独立的块上,便于管理。

在边界路由器上，Google 运行标准的 eBGP 协议实现与外部集群网络之间的路由。通过取代集群路由器，Google 自主实现了集群之间高吞吐量的数据传输，摆脱了对高性能网络设备厂商的依赖。

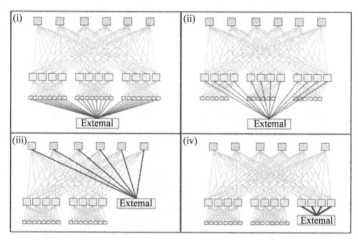

图 3.2　与外部网络层互连的 4 种可选方式

(2) 集群网络之间的互连

在数据中心的部署中，Google 在同一栋楼中部署了多个集群，并且一个园区存在多个这样的大楼。集群边界路由器可以给集群之间的互连提供了大量的带宽。在 Watchtower 中，每个聚集块支持 2.56Tbps 的对外带宽，在 Saturn 中这一带宽更是达到了 5.76Tbps。为了更大化数据中心网络的性能，Google 的目标是通过降低成本的方式，最大化同一楼中/同一个园区内的集群之间传输带宽。图 3.3 展示了 Google 在集群之间和园区内部这两个层次所实现 BGP 路由的互连结构。图 3.3 的上半部分 Freedome 块(Freedome Block, FDB)是 Google 配置的一些路由器集合。

一栋大楼内部数据中心的 Freedome 通常包含四个独立的 FDB 块，用于连接同一个数据中心大楼的多个集群。图 3.3 左下方描述了一栋大楼数据中心的 Freedome 的结构。

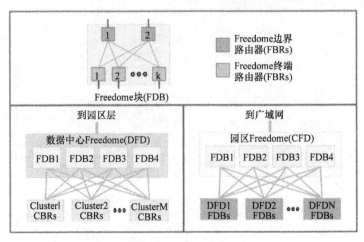

图 3.3　集群内部和园区内部的两级结构

类似的，同一个园区内部的 Freedome 同样由四个独立的 FDB 块构成，其南向的端口用于连接园区内的多个大楼内部数据中心的 Freedome，北向的端口用于连接互联网。整个结构如图 3.3 右下方所示。

2. 网络的中心化控制

在网络控制平面，Google 没有使用传统网络的解决方案，仍然采用了自主研发的道路。Google 采用软件定义网络(SDN)技术对网络进行中心化控制。由于数据中心网络中的路由都是基于具有多路径的静态拓扑，Google 对每个交换机都会根据其位置预先设置一个角色，不同的交换机角色对应不同的预配置。整个网络有一个中心化的路由控制器，用于动态的搜集网络中的链路状态信息，然后通过可靠的控制平面网络(Control Plane Network, CPN)分发给交换机。交换机根据路由控制器下发的链路状态信息计算路由表，从而实现路由功能。Google 把网络中的这种三层路由协议称作 Firepath。图 3.4 展示了 Firepath 组件之间的相互关系，图 3.5 说明了 Firepath 协议的消息类型。

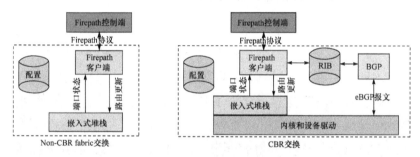

图 3.4　Firepath 组件之间的相互关系

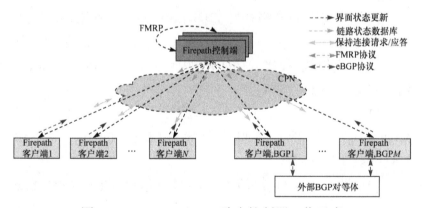

图 3.5　Google Firepath 路由控制器工作示意

　　总的来说，Google 把整个数据中心网络当作一个具有成千上万个端口的单一结构，而不是看作由数百个独立的交换机个体组成的集合，从而在逻辑上避免了动态发现多个交换机的过程。另外，受到分布式文件系统 GFS 的启发，Google 一如既往地给 Jupiter 和 Google B4 广域网设计了一个统一的控制架构。

Google 在数据中心网络中的 SDN 实践经验，也极大地刺激了 SDN 技术的发展，引领了业界对 SDN 的热潮。

3.3.2　Facebook 数据中心网络

Facebook 于 2019 年宣布了下一代内部数据中心结构 F16。F16 数据中心结构基于 Broadcom ASIC 设计，采用 FBOSS 软件系统。与以前的数据中心结构设计相比，F16 结构更具可扩展性，管理和升级更为便捷。在使用 Broadcom ASIC 和 100G CWDM4-OCP 光学元件条件下，F16 结构设计可以使得容量扩大 4 倍，即实现 400G 链接速度[110]。

F16 数据中心网络拓扑如图 3.6 所示。F16 采用 CLOS 架构，分为骨干层(F16 中为 Spine 交换机)、汇集层(F16 中为 Fabric 交换机)和接入层(F16 中为 ToR 交换机)。总体上，F16 结构的主要特性有：

(1) 每个机架和 16 个独立的平面相连。机架采用 Wedge 100S 作为交换机，拥有 1.6Tbps 的上行带宽和 1.6Tbps 的下行带宽。

(2) 机架上方的平面包含16个128端口的100G的Fabric 交换机。

(3) F16 创建了一个 128 端口的 100G Fabric 交换机，称为 Minipack，作为所有基础结构层的统一构建块。Minipack 应用了灵活的模块化设计，采用单一芯片系统组成方式，管理更加便捷。

(4) F16 网络使用修改后的 FBOSS 作为软件系统，以确保单个代码映像和相同的整体系统能够支持多代数据中心拓扑和多种硬件平台，特别是新的模块化 Minipack 平台。

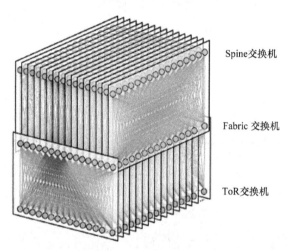

图 3.6　Facebook F16 数据中心网络拓扑

(5) F16 支持以 HGRID 方式互联，通过 F16 结构与 HGRID 技术的结合，Facebook 数据中心的规模得到显著增大。

Facebook 的数据中心网络解决方案引入了以下三种主要技术手段。

1) Minipack

随着 12.8T 交换机 ASIC 的问世，Facebook 设计了 Minipack，外观如图 3.7 所示，机架结构如图 3.8 所示。它使用单个 12.8T ASIC，而不是采用构建 Backpack 的 12 芯片折叠 CLOS 结构。与 Backpack 相比，Minipack 使用单个 ASIC 节省了大量功率和空间。

图 3.7　Minipack 外观

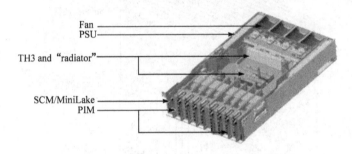

图 3.8　Minipack 机架结构

　　虽然使用单一的 ASIC 设计，Minipack 仍然支持灵活的模块化机架交换。Minipack 采用 128 个端口的接口模块。这种设计使得 F16 不仅能够拥有单一 ASIC 设计的简单性和节能性，而且具有机架交换的灵活性和模块化。Minipack 的设计使其能够支持多种链路速度和数据中心拓扑结构，并使数据中心网络能够顺利地进行升级换代。

　　2) FBOSS

　　Facebook 开放交换系统(Facebook Open Switching System, FBOSS)用于在 Facebook 数据中心网络中控制和管理交换机的软件堆栈。其分层结构原理如图 3.9 所示。FBOSS 并不绑定到特定的 Linux 发行版，开发人员可以更容易地进行修改，也可以只使用 FBOSS 的某些部分，并在

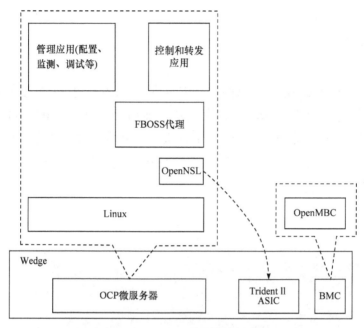

图 3.9　FBOSS 分层结构原理

其上构建不同应用程序。从 FBOSS 的分层结构上看，FBOSS 的应用程序可以分为以下三类：

(1) 底层应用程序，如 FBOSS 代理和 OpenBMC。其中，OpenBMC 是一种底层软件，提供电源、环境和其他系统级模块的管理功能。FBOSS 代理和 OpenBMC 是开源的应用程序。

(2) 用于配置、监视和故障排除的自动化应用程序。FBOSS 提供了与这类应用程序交互的 API，通过这些 API 可以在其上构建用于配置的自动化工具，这些工具可以一次更新数百或数千个交换机，同时保持一致性。

(3) 控制使用 FBOSS 代理实现特定转发/路由协议或支持集中决策的应用程序。这些应用程序构建于 FBOSS

代理等较低级别的应用程序之上，可以独立于实际硬件进行开发。

3) HGRID

HGRID 是一种对同一区域内不同大楼进行连接的设计方式，是在 Fabric 汇聚器的基础上推出的。HGRID 基于 Minipack 构建，使用与 Fabric 汇聚器相同的设计原则。图 3.10 为 6 栋采用 F16 结构设计的大楼基于 HGRID 进行连接的示意。

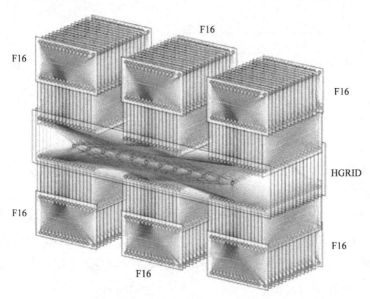

图 3.10　数据中心区域 6 栋大楼用 HGRID 连接示意图

3.3.3　Microsoft 数据中心网络

VL2 数据中心网络架构是由微软于 2009 年提出的。与 Google 和 Facebook 所提出的数据中心网络架构解决方案不同，VL2 的解决方案是比较传统的，主要借助已有三层架构的能力，加以部分创新，解决规模扩展的问题。微软的研究人员根据多个数据中心的流量特点，利用虚拟化技术来为整个网络系统提供更好的延展性，设计出了一套虚拟的二层网络架构。VL2 采用 CLOS 架构，对汇聚层进行了虚拟化，使得其中所有服务器形成类似于局域网的结构，并通过新的数据中心内部寻址方式以及 Valiant 负载均衡(Valiant Load-Balancing, VLB)、等价多路径(Equal-Cost MultiPath, ECMP)等算法，提高了数据中心网络的性能和服务的效率。

(1) VL2 数据中心网络架构

VL2 数据中心网络中主要包括三类交换机即机架顶端交换机(ToR Switch)，汇聚交换机(Aggregate Switch)和中继交换机(Intermediate Switch)。其中机架顶端交换机与底层服务器相连。而机架顶端交换机与汇聚交换机又通过不同的上行链路进行连接。通过上行链路，汇聚交换机也和每一个中继交换机进行相连[111]。中继交换机则提供了对互联网的访问。从逻辑上，VL2 架构为一种两层架构。其中第一层为机架顶端交换机和这些交换机进行相连的服务器的集群，第二层则是交换机网络，包括了汇聚交换机和中继交换机。这两层中间则利用机架顶端交换机进行连接，如图 3.11 所示。其中，汇聚交换机和中继交换机之间的链路构成完全二分图，每个汇聚交换机都可以通过中继交换机与其他汇聚交换机相连。整个网络使用 CLOS 架构，增加了路径数量，扩展了链路带宽，提高了网络健壮性[112]。

(2) VL2 的寻址方式

与逻辑分层相对应，VL2 数据中心网络内部使用两种地址：下层服务器集群使用应用地址(Application Addresses,

AAs)，上层交换机网络中使用定位地址(Locator Addresses，LAs)。通过这样的地址分配方式，底层服务器与其他服务器都使用相同的 AAs 地址前缀，在逻辑上处于同一个子网中。VL2 数据中心网络通过在服务器协议栈中增加 shim 子层、机架顶层交换机隧道和目录系统来实现寻址。具体寻址方式如图 3.12 所示。

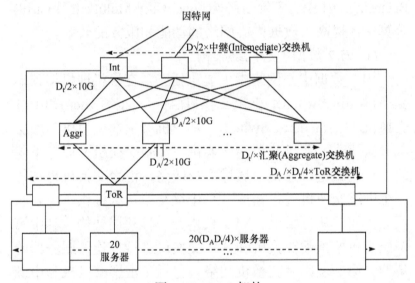

图 3.11　VL2 架构

当前应用所在源服务器 S 要与目标服务器 D 进行通信，S 首先会发送 ARP 数据包请求 D 的物理地址，此时协议栈中的 shim 层会拦截此 ARP 数据包，即不会实际向网络中发出 ARP 广播，而改为向目录系统发送数据包，请求 D 的 LAs 地址。目录系统中保存了应用地址与定位地址的映射关系(AAs-LAs)，即服务器地址 AAs 和该服务器连接的 ToR 交换机地址 LAs。因此，目录系统在收到 S 的请求后，

向其返回 D 的 ToR 交换机地址。S 服务器的 shim 层收到目
录系统应答后，重新对数据包进行封装，目的地址填入 D
服务器的 ToR 交换机地址，即 LAs 地址；然后将该数据包
发给与自己相连的 ToR 交换机；此数据包再经 ToR 交换机
与汇聚交换机、中继交换机之间的链路传送到 D 服务器相
连的 ToR 交换机。D 服务器相连的 ToR 交换机收到数据包
后，对其解封装，获取数据包中的真实目的地址，即 D 服
务器的物理地址，随后将数据包转发给 D 服务器。

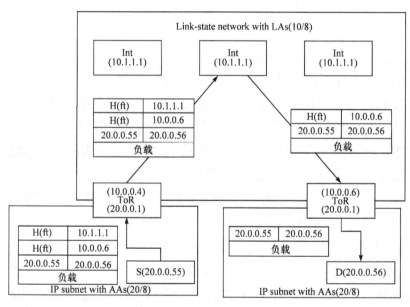

图 3.12　VL2 寻址方式

(3) VL2 负载均衡与多路径传输

VL2 数据中心网络使用 VLB 实现负载均衡，通过
ECMP 实现多路径传输。每个汇聚交换机都可以与服务器
通信。当数据到达汇聚交换机后，汇聚交换机会随机选择

路径进行数据传输。由于中继交换机使用的都是相同的
LAs 地址，因此任意一台交换机无论远近，其与中继交换
机之间都是 3 跳的距离，只要选择链路状态好的路径传输
就可以由此实现多路径传输。

(4) VL2 的目录更新机制

VL2 的目录系统主要包括两部分：复制状态机(Replicated
State Machine, RSM)和目录系统(Directory System, DS)。其中，
RSM 的作用是确保多台目录服务器之间的一致性，以及
LAs-AAs 映射的可靠性，其主要操作是写映射；DS 则主要
负责读映射，对用户的映射请求发出响应[112]。

目录系统通常采用主动更新的策略，如图 3.13 所示。
DS 中缓存了 RSM 全部的 AAs-LAs 映射关系，每个 DS
每隔 30s 与 RSM 进行一次数据同步。当服务器状态变化
时，例如虚拟机迁移，状态发生变化的服务器会主动向
DS 服务器发出更新消息，DS 再将更新消息传送给 RSM
服务器。RSM 服务器根据该消息更新自己的映射关系，
并将更新复制存储到所有的 RSM，进行映射备份及冗余。
随后 RSM 向 DS 服务器回复 ACK 确认已更新映射，DS
再向服务器发送 ACK 确认已更新映射。最后通知全部的
DS 进行映射更新。此外，VL2 中还存在着一种被动更新
机制。若某个 DS 服务器接收到一个旧的映射请求，即
DS 中存有该映射关系而事实上网络中已不存在。DS 在未
更新映射数据的情况下，仍会使用旧的映射信息对该请求
进行响应，但接收方的 ToR 交换机发现目的服务器已不
在自己的域内，就会向 DS 发送通知，告知该映射已过期，
触发 DS 进行映射更新。

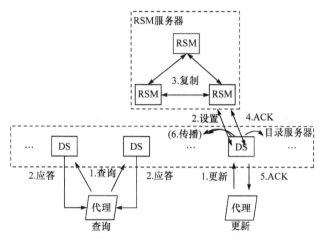

图 3.13　VL2 的目录更新机制

3.3.4　华为数据中心网络

华为的云数据中心网络解决方案以 Fabric 概念为核心，命名为 AI Fabric。该数据中心网络解决方案利用两级 AI 智能芯片和智能拥塞调度算法来实现智能、无损、低时延等特性，加速了智能时代下的计算和存储效率的提高，达到构建统一融合的高效数据中心网络的目标[113]。

1) 云数据中心 Fabric 网络

若将数据中心网络与人体作类比，Fabric 网络则如同人体的躯干，是数据中心网络互连的主体，其主要包括了叶子节点交换机、骨干节点交换机、虚拟交换机、防火墙和负载均衡器等组成部分。同时 Fabric 网络也承载了网络流量和各类业务。

Fabric 一般采用骨干-叶子(Spine-Leaf)扁平结构，如图 3.14 所示。骨干(Spine)节点作为 Fabric 网络核心节点，提供高速 IP 转发功能，通过高速接口连接各个功能的叶子

(Leaf)节点。叶子节点作为 Fabric 网络功能接入节点，提供各种网络设备接入功能。其中，接入服务器的叶子节点交换机称为 Server Leaf，接入防火墙、负载均衡器等 4~7 层设备的叶子节点交换机称为 Service Leaf，接入数据中心外部出口的叶子节点交换机称为 Border Leaf。

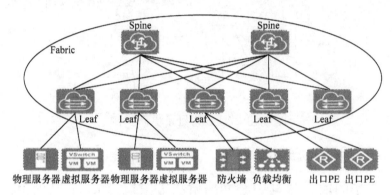

物理服务器 虚拟服务器 物理服务器 虚拟服务器　防火墙　负载均衡　　出口PE 出口PE

图 3.14　Fabric 网络组成

为了便于数据中心的资源池化操作，将一个数据中心划分为一个或多个物理分区，每个物理分区称为一个 Pod。因此，Pod 是数据中心的基本部署单元，一台物理设备只能属于一个 Pod。一个 Fabric 可以部署在一个 Pod 内，也可以跨越多个 Pod。一般情况下，单个 Pod 的 Fabric 适用于规模较小且网络规模比较固定的网络，而跨多个 Pod 可以建立一个规模较大的 Fabric，便于日后的升级与扩容。

整个 Fabric 由 IP 网络组成，网络的可靠性靠设备冗余和路由收敛来保证,网络设备的可靠性通过将多个设备虚拟成一台逻辑设备，再配合链路聚合技术等保证。在 Fabric 中，服务器与两台 Leaf 交换机是通过 M-LAG 相连。如果单个数据中心规模较大，可以部署多个 Fabric 网络，每个网络采用标准的 Spine-Leaf 架构，每个网络可能有独立的出口。所有 Fabric 网络使用统一的策略管理和统一的控制管理。

2) 硬件架构

华为 AI Fabric 数据中心网络解决方案的硬件支持方案主要包括了旗舰级核心交换机 CloudEngine 16800/12800 系列，高性能的盒式交换机 CloudEngine 8800/7800/6800/5800 系列，虚拟交换机 CloudEngine 1800V 等交换机，华为敏捷控制器 Agile Controller 和智能网络分析器 FabricInsight 等，能够实现敏捷网络部署、智能化网络运维、超宽互联和开放生态的下一代数据中心网络，并且面向行业场景提供模型化 Fabric，支持按需自助灵活定制，快速完成行业数据中心网络方案的设计[113]。AI Fabric 是采用的 Spine-Leaf 两级智能架构。该架构是基于 CLOS 组网模型来进行构建的[114]：计算智能和网络智能相结合，全局智能和本地智能相协同，共同打造出 AI-Ready 的无损低时延 Fabric 网络。其主要优势体现在如下两方面。

(1) 核心计算级智能：核心交换机 CloudEngine 16800 内嵌 AI 芯片，提供 8TFlops 的计算能力，其利用了机器学习的算法对全网流量进行实时的训练，从而实现针对不同业务流量模型的特点来生成最合适该模型的网络参数，并进行对应设置，实现全局最优的网络自优化能力。

(2) 边缘网络级智能：ToR 交换机 CloudEngine 8861、CloudEngine 8850、CloudEngine 6865 等边缘设备内嵌专用网络智能芯片，通过实时检测网络的状态并对网络参数进行优化，从而可以实现根据本地流量状态来对交换队列水线进行智能调整，进而完成发送速率的实时调整，保证网络在丢包基础上的高吞吐。

3) 核心性能

AI Fabric 的主要核心特征包括了"0 丢包"、"低时延"和"高吞吐"。AI Fabric 能够同时在这三个指标达到最优，而不是部分满足[114]。

AI Fabric 通过上述的核心计算级智能和边缘网络级智能技术来实现整网 0 丢包。同时，全局部署的智能分析平台 FabricInsight，基于全局采集到的流量特征和网络状态数据，结合 AI 算法，对未来的流量模型进行预测，从全局的视角，实时修正网卡和网络的参数配置，以匹配应用的需求。根据权威的第三方测试机构 EANTC 所进行的测试，在高性能计算的场景下 AI Fabric 可以最高降低 44.3%的计算时延，而考虑吞吐量，AI Fabric 在分布式存储的场景下则可以提升 25%的每秒读写次数(Input/Output Operations Per Second, IOPS)能力，并且所有场景下能保证网络 0 丢包。综合测算，由于存储资本性支出(Capital Expenditure, CAPEX)的降低，相比其投资，AI Fabric 可带来至少 45 倍左右的 ROI 收益率[114]。

3.3.5　腾讯数据中心网络

腾讯公司设计研发的新一代数据中心网络产品代号为 5.0V，架构如图 3.15 所示。与业界其他公司的产品相似，5.0V 也是涵盖了交换机、NFV 设备、云服务、云间互联能力的一体化的 SDN 数据中心网络架构解决方案[115]。

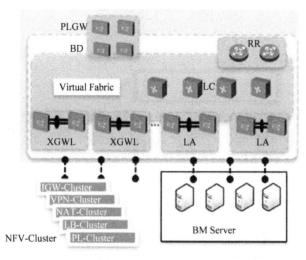

图 3.15　腾讯 5.0V SDN 数据中心网络架构

(1) 控制平面

腾讯 5.0V 在控制平面上, 采用的是分层的编排系统架构, 如图 3.16 所示。网络编排器(Network Orchestrator)负责网络业务编排, NFV 控制器负责 NFV 设备控制, Fabric 控制器负责交换机控制。组件间访问则通过腾讯根据自营业务以及私有云用户需求场景而定义标准化网络对象和 API[115]。

5.0V 采用了标准化 Fabric 控制器的对象模型和接口。不同供应商的交换机, 只需对控制器进行北向接口 API 开发, 使其成为遵循腾讯规范的 Fabric 控制器, 即可在 5.0V 的网络中部署, 从而实现交换机选型与网络业务的编排解耦。同时, 还实现了标准化的 NFV 控制器对象模型和接口, 具备支持多厂商 NFV 设备的能力。NFV 设备只需支持业界标准的北向接口, 便可通过 Plugin 方式在 NFV 控制器上即插即用。

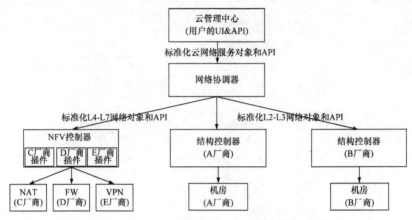

图 3.16　腾讯 5.0V 分层编排的系统架构

在分层架构中, L2-L3 层网络(交换机)与 L4-L7 层服务(NFV 服务)独立演进和发展, 可以兼容不同供应商产品, 构建出一套良好的生态。

(2) 转发平面

5.0V 的转发平面与控制平面在逻辑上相对独立, 控制器只负责业务下发, 不负责转发表项的计算。转发表项的计算使用成熟度高的标准 BGP-EVPN 协议完成, 并且在标准 BGP-EVPN 的分布式网关方案基础上做了大幅优化。

5.0V 使用 IBGP+高性能 RR 的方式, 进行 overlay 路由的计算, 与 Underlay 路由的计算解耦。

5.0V 在标准协议的基础上, 还针对性的增加了定制化特性, 优化网络稳定性和 HA 能力。一方面, 单模块网络规模可以达到转发芯片能力上限。另一方面, 网络任意节点或链路故障具备 100ms 级别的中断恢复时间[115]。

(3) 网络业务编排与部署

5.0V 的业务编排层使用模块化架构, 可以接入由不同

主体提供的各种类型网络增值服务，包括：网络设备运营
商提供的服务器安装部署、TGW 提供的 Internet 出口和负
载均衡服务、云平台提供的云服务，以及 5.0V 自身实现的
L4-L7 层 NFV 服务[115]。每个服务都可按模块进行横向扩展。

　　5.0V 网络架构的业务驱动与增值服务的业务驱动统一
编排，独立执行。业务下发可实现层级关联、技术解耦。
简单来说，就是各种增值业务只需与 5.0V 的网络编排器对
接，不需要修改原有的业务实现方式，就可以用 SDN 的方
式进行业务部署和运维。所有服务都可以实现多用户按需
共享服务资源，由控制平面统一调度，也可以按照用户需
求独占资源，并灵活弹性地控制规模。

　　总的来说，5.0V 数据中心网络架构在控制平面的 SDN
为其带来了敏捷和弹性的优势；转发层面的硬件选择和协
议优化则带来了高性能和高可靠性；分层编排的系统架构
使其能够承载多样的服务能力和良好的生态。目前，5.0V
已成功在腾讯云黑石项目中投入运营，并逐渐走向成熟。

第 4 章　学术研究热点

互联网关键设备或者系统是融合和承载网络技术学术研究成果的载体，技术研究也推动关键设备和系统性能与功能向前发展。近年来，互联网关键设备和系统的学术研究热点主要集中在分段路由、路由协议、报文调度、负载均衡、故障恢复、拥塞控制、报文深度检测、报文处理加速、云资源管理等方面。

4.1　分段路由技术

在当前网络流量转发的实现上，单纯依靠网络地址和管理策略决定报文转发路径的方法，难以满足应用发展需求。不断提高的业务需求，要求网络能够更灵活的转发流量。然而，现有 IP 网络技术，缺乏流量灵活转发的机制和可扩展性。为解决这个问题，Filsfils 等提出分段路由网络架构[116]。分段路由融合了源路由技术和隧道技术，允许主机或者边界路由器，将整个路径分解为多个分段，自行定义每个分段如何转发报文。在每个分段中，包含引导路由器如何转发该报文的指令。路由器按照指令将报文通过某条路径转发或者转发到某个目的地址。

分段路由技术可通过集中式或者分布式的网络管理机制实现。分布式网络管理机制，可用于快速更新分段信息；

集中式网络管理机制，聚焦于服务资源优化，提供最优的端到端路径。在分段路由实现中，必须在控制平面和数据平面定义两种不同的组件。在数据平面，需要定义如何包含分段信息，以及路由器如何根据分段信息进行报文转发；在控制平面，需要定义分段标识符如何在网络设备之间传播，以及定义网络设备如何在流中应用分段序列。

在分段路由网络架构的数据平面中，报文中分段路由头部包含一系列分段，以及指向活跃分段的指针。路由器使用活跃分段对当前报文进行转发。活跃分段被处理后，其后续分段成为新的活跃分段。每个分段拥有唯一的标识符。根据网络设备处理分段的行为，分段标识符可分为三类：①节点标识符，路由器按照最短路径原则，将报文转发到该标识符对应的节点；②相邻标识符，路由器通过该标识符对应的节点转发报文；③服务标识符，路由器将报文转发到该标识符对应服务的节点。支持分段路由的网络设备需要支持如下数据平面操作：①根据分段信息转发报文；②在报文分段头部增加分段信息，并设置为活跃分段；③设置下一分段为活跃分段。

分段路由网络架构的控制平面定义了分段标识符信息如何在网络中传播。在分段路由网络中，相邻节点之间的标识符信息，通过 IGP 协议传播，如 IS-IS 和 OSPF 等协议的扩展版本。此外，控制平面还需定义入口路由器，以及如何为报文选择分段路由路径。其中选择方法包括：①分布式受限最短路径计算；②基于软件定义网络控制器的方法；③静态配置的方法。分段路由技术适用于以下三种应用场景：流量工程、实现网络服务链和增强网络弹性。

Davoli 等提出基于软件定义的网络分段路由流量工程技术[117]。软件定义网络技术可以通过在逻辑层集中控制网络的方式，实现流级别的流量工程目标，从而服务于流量工程。传统流级别的路由技术，需要控制器和路径中的每个节点进行直接交互，这可能导致网络核心节点需要维护大量路由信息，进而产生可扩展性问题。分段路由技术可以将路由配置和状态信息转移到网络边界，在 Davoli 等提出的网络架构中，分段路由通过 MPLS 技术实现，路由器中的路由表通过软件定义网络控制器和本地分段路由守护进程共同管理。网络控制器负责建立端到端服务，为流配置入口和出口节点；节点上的本地分段路由守护进程配置路由表，支持代表分段路由标识符的 MPLS 标签。分段路由守护进程通过与路由守护进程交互，进行路由器的路由表更新和交换机的转发表更新。

4.2　路由协议优化

路由协议一直是网络的核心协议，是学术界重要的研究对象。近年来，路由协议优化研究工作主要聚焦在集中路由决策、域间路由协议可演化性、广域网高可用路由器设计等方面。

Vissicchio 等[118]研究了中心式路由决策的路由架构。中心式路由决策(例如 SDN OpenFlow)能够集中和直接地控制转发行为，为路由带来极大的灵活性。但是，这需要牺牲分布式路由协议(例如 OSPF、IS-IS)所具有的高可扩展性、鲁棒性和故障快速响应的能力。因此，Vissicchio 等提出了一种通过 Fibbing 技术来保证在集中控制的同时兼具灵活性和鲁棒性的路由架构。Fibbing 在传统链路状态协议的基础上，通过操控分布式路由协议的输入，直接控制路由的转发信息库。在网络拓扑中，Fibbing 添加伪造的节点和链路构造新的增强拓扑，从而诱使路由器计算所需的目标转发项。若给定期望的转发项和路由协议，Fibbing 自动计算发送给路由器的路由消息。因此，Fibbing 在一定程度上"颠覆"了路由过程。Fibbing 可以针对每个目标节点控制流转发路径，因此能够灵活支持如流量工程、负载均衡、快速故障转移等高级转发应用。Fibbing 也可与任何使用 OSPF 的路由器一起使用，而无须对路由器进行配置。它利用路由器本身实现的路由协议，能够同时适应许多路由器的转发行为，并允许路由器自己计算转发表以及自行收敛。

Sambasivan 等研究了域间路由协议的可演化性[119]。当前 Internet 使用的域间路由协议(BGP)结构已经十分稳定，很难再引入新路由协议替代 BGP，因此出现了一定程度的僵化现象。这种僵化既导致了部署 BGP 的修补措施非常困难也阻碍了 BGP 向更加适合互联网复杂性的新域间路由协议演进。针对域间路由协议的可演化性问题，Sambasivan 等分析了前人提出的 14 种域间路由协议，并提出了两个任何域间路由协议都应支持的可演进特性。这两个特性能够支持路由协议向新的协议继续演进。第一个特性称为传递支持(pass-through support)，该特性使得路由器或自治域将它们当前尚不支持的路由协议的控制信息传递给他们的邻居。第二个特性称为多协议宣告(multi-protocol advertisements)，它对路由协议进行编码，从而帮助运行该协议的域之间能够彼此发现。这些特性通过将协议宣告中包含的信息与路径选择算法所使用的信息分离，从而提高了路由协议的弹性。在此基础上，Sambasivan 等提出了 Darwin's BGP(D-BGP)协议，该协议扩展了当前的 BGP 协议，以支持上述演化特性。与 BGP 相比，D-BGP 能够促进新协议的引入，如部署 BGP 修补程序，或演进成为基于路径的路由协议。该协议帮助服务商能够更快看到新协议带来的收益，激励服务商进行新协议的创新及部署。

　　Supittayapornpong 等研究了高性能广域网路由器设计[120]。云和内容提供商的性能和可用性通常取决于与其数据中心互联的广域网(WAN)。当前内容和路由器供应商，使用基于 CLOS 的拓扑结构，设计了具有高聚合能力的广域网路由器。该拓扑将商用交换芯片分为两层(L1 和 L2)，并进行互联。流量从下层交换芯片(L1)的外部端口上进出 WAN 路由器，进入路由器的流量通过内部链路，经过 L2 层交换芯片转发，然后再从外部端口进入到数据中心的边缘路由器或其他 WAN 路由器。这种拓扑能够确保流量无阻塞转发，可以满足任何流量矩阵。但是这种路由器容易受到内部交换芯片和链路故障的影响，从而导致容量和可用性降低。当前 WAN 路由器大都使用相对简单的中继线布线和内部路由技术，Supittayapornpong 等则探索了更加新颖的布线和更加复杂的路由技术设计，以提高故障恢复能力。为了最大限度地减少路由器内部故障的影响，该研究设计了最小上流布线方法，将中继线之间的流量在 L1 交换层尽早转发，同时将上行流量最小化，从而使得 WAN 路由器在面对 L2 层交换芯片和内部链路故障时继续维持容量。

路由查表算法是保证路由协议高效的另一重要技术。其研究热点主要集中在高效软件路由查表算法等方面。如今互联网的核心路由器已经需要处理数百 Gbps 级别的峰值流量，路由查表技术的性能也必须随之提升。在路由器中使用 TCAM 可实现高性能路由查表，但存在能源消耗大、机箱散热难等问题。另外，在网络功能虚拟化的发展趋势下，使用 TCAM 无法满足网络功能虚拟化的需求。因此，研究如何使用通用计算机进行高速路由查表变得至关重要。Asai 等提出一种新型软件高速路由查表算法 Poptrie[39]，该算法使用 64 元单词查找树的多分叉树形数据结构，降低在树中进行搜索的次数。该算法使用 64 比特向量存储查找过程中的后继节点，内存占用量小，并且能够快速确认后继节点。算法在 64 比特的后继节点向量上，使用特殊 CPU 指令，能够高效排除查找过程中不必要的后继节点，使得算法能够快速找到合适的后继节点。Poptrie 算法将树形结构中的内节点和叶节点存储在连续的数组中，从而大幅度减小整个数据结构的内存使用量。实验结果表明，Poptrie 算法的性能优于现有的软件路由查表算法，并且具有良好的扩展性，可适用于 IPv6 网络。

4.3 报文调度技术

高效的报文调度机制是保障网络业务服务质量进而保证互联网高效运行的关键因素。在报文调度方面，当前的学术研究热点主要集中在报文调度算法设计、流量分割、报文分类器设计、共流调度等方面。

当前已有的报文调度算法在实际网络应用中还存在效率较低的问题，例如，传统的基于比较优先级队列的方法时间复杂度较高；可编程报文调度模型(PIFO、Openqueue)不支持面向每个流的调度，而且报文出队时需要重新排序。为了提高报文调度的效率，Saeed 等设计了一种灵活高效的报文软件调度方法 Eiffel[121]，提高了报文调度的灵活性和可部署性。Eiffel 方法是基于 CPU 中 FFS (Find First Set)指令的整数优先级队列设计。Saeed 等同时提出近似优先级队列，并引入一种新的可编程抽象方法表示调度策略。在具体实现上，Eiffel 是基于排队规则(Queuing discipline, Qdisc)技术。在给定相同处理容量和速度的前提下，基于Eiffel 实现的调度方法比基于传统比较优先级队列实现的调度方法在 pFabric 上最大流量提升了 5 倍，在 hClock 上最大流量提升了 40 倍。

Mittal 等针对是否存在一种通用的报文调度算法展开了研究[122]。通用报文调度算法可以复现其他调度算法，达到或近似达到已知最好的调度算法相应的性能目标。如果存在通用报文调度算法，则可使用该算法为标杆，对其他算法进行改进，减少可编程调度对硬件的需求。Mittal 等从理论角度证明最短空闲时间优先(Least Slack Time First, LSTF)调度算法是最接近通用报文调度的算法。同时，Mittal 等也通过实验验证了 LSTF 调度算法是最接近普遍性调度的算法。实验通过比较网络利用率、带宽、拓扑、不同调度策略的重现性、端到端的延迟以及其他特征，衡量报文超时到达目标的比例等参数显示 LSTF 调度算法能较好重现其他算法，而且 LSTF 调度算法可以最小化平均流量完成时间(Flow Completion Time, FCT)、尾延迟以及流量的平衡性。

Sadeh 等提出一种使用 TCAM 进行流量分割的方法[123]。因为 TCAM 存在功耗大的问题,所以如何减小使用 TCAM 进行流量分割的内存使用至关重要。Sadeh 等对流量分割问题进行数学建模,并设计了一种算法。该算法可以在多项式时间内,找到最小化的 TCAM 表,进而实现对流量的有效分割。

Demianiuk 等设计了一种近似报文分类器[124]。这种近似报文分类器通过牺牲部分分类精度换取分类效率以节省报文分类的计算资源,减少准确分类器规则带来的约束,同时保证近似后的分类器的功能可以近似等价于原分类器。他们首先对分类器建模,提出近似等价的定义和条件。然后提出了最优化分类器大小的三种基本运算:前向包含、后向包含和归结,并提出用于推导出最小化分类器的最优化运算序列,从而得到最小化近似分类器。最后,Demianiuk 等基于 eLP 算法,针对使用最长前缀匹配(Longest Prefix Matching, LPM)排序规则的分类器设计了 aLP 算法,推导出近似规则,同时也减少了 eLP 算法的时间复杂度。

在集群计算框架(例如 MapReduce)中,通常会产生并行的流量,而且在当前任务的所有流量传递完之前,后续的任务无法开展。由于很多流量的中间结果来自其他节点,导致一个完整流量的传递完成时间严格依赖于中间流量的传递。因此,降低共流延迟将可以减少整个工作的响应时间,但少有研究者关注降低共流延迟的问题。Liang 等研究了一种降低共流延迟的报文调度方法[125],通过分析共流延迟的重要性，提出 CAB (Coflow-Aware Batching)策略来最优化共流延迟。该策略在一定程度上达到提出的共流延迟下界，从而提升效率。作者证明了在 $N×N$ 输入队列开关模型中，使用任何调度策略，共流延迟的下界不会低于 $O(\log N)$。同时作者分析了一系列不考虑共流的调度策略，指出这些策略不能被证明可达到最优性能。

4.4　负载均衡技术

负载均衡对于提高网络的可用性和灵活性具有重要的作用。在针对负载均衡的研究方面，近年来学术界主要关注了负载均衡交换机中的报文排序问题。

负载均衡交换机具有良好的可扩展性，但其缺点是报文可能被交换机乱序发送。由于 TCP 协议的拥塞控制功能，超出滑动窗口的乱序报文将导致多次报文重新发送，网络性能严重下降。为解决负载均衡交换机乱序发送报文的问题，研究人员提出了多种解决方案，但这些方案普遍造成了严重的报文延时，从而导致交换机性能下降。Yang 等提出一种新的解决办法，该方法基于对乱序报文的数量上限进行分析后提出[126]。经过理论分析，负载均衡交换机有可能会导致报文乱序，但两个乱序报文之间的时间间隔具有上限，并且该上限较小。因此，交换机每次需要重新排序报文的数量也具有上限。基于此观察，作者提出在交换机的每个出口端口设置报文重新排序缓冲区，使用该缓冲区对达到报文上限数量的报文进行重新排序，然后再进行转发。作者指出，需要重新排序的报文数量上限与交换机的规模呈线性关系。通过理论和实验分析，相比现有的其他方案，该方案在解决负载均衡交换机乱序报文发送这一问题上具有明显的性能优势。

4.5 故障恢复机制

及时而有效的故障恢复机制对保障用户的网络使用体验和网络长久有效运行具有关键性的作用。在网络故障恢复方面，近年来的学术研究热点主要包括故障路由器对网络影响分析、快速连接恢复等问题。

Lukie 等研究了路由器中断对 AS 级因特网的影响[127]，提出并评估了一种新的度量方法，用于理解 AS 级因特网对单个路由器的依赖关系。作者设计了一种有效的主动探测技术，可以直接且明确地显示路由器的重启。此技术在 2.5 年的时间内对互联网上 149560 个路由器进行了调查，发现其中 59175 个(40%)路由器至少经历了一次重启。同时，作者还量化了每次路由器中断对全球 IPv4 和 IPv6 BGP 可达性的影响。

针对目前缺少有效方法描述互联网经常出现的重路由问题这一不足，Liu 等基于网络科学中的介数概念提出了一种 AS 介数概念和刻画方法用于表征互联域间路由变化[128]。该方法通过分析相邻目的地路由和全局路由之间的 AS 介数的关系，确定路由变化。该方法可以使用户识别路由变化的时间、拓扑和关系特征等。通过利用该方法对互联网多个不同的破坏性事件进行分析，可以较好地实现对该方法的有效性验证。这些事件包括：2011 年 3 月的日本地震，

2010 年 4 月 SEA-ME-WE 海缆系统发生 4 条海底电缆故障，2008 年 2 月发生 YouTube 路由攻击，以及 2011 年 1 月的 AS4761 前缀劫持事件。通过利用该方法的分析结果，该研究提出了许多针对故障恢复的有效建议，例如，电缆故障副作用引起的路由震荡和拥塞故障,会大大降低路径质量，攻击者和受害者的直接网络服务提供商(Internet Service Provider, ISP)是扩大前缀劫持影响的最关键位置。该研究就如何部署有效的路由防御机制提供了开创性的成果。

现在广泛部署的 IPFFR、Loop-Free Alternate、MPLS Fast Reroute 等快速收敛框架，已经可以实现亚秒级、ISP 范围内的链路或节点故障的收敛。这些快速收敛框架有两个共同的要素：一是快速检测(利用硬件产生信号)，二是迅速激活(通过在故障发生时，立即激活预先计算好的备份状态，而不是动态地重新计算路径)。然而尽管上述框架可以帮助 ISP 在内部(或对等连接)发生故障时恢复连接，但在远程故障恢复连接时却毫无用处。然而远程故障经常发生且修复速度很慢(平均收敛时间超过 30s)。针对这些问题，Holterbach 等基于可编程数据平面，提出了可以应对远程故障的数据驱动快速收敛方案 Blink[129]。Blink 方案为 ISP 建立了一个快速重路由框架，使其能够在秒级时间内，聚合本地和远程故障。Blink 核心理念是完全利用数据平面信号进行重路由，在故障发生之后，TCP 端点会不断重传相同的数据包，因此当组合多个流时，这将会聚合成一个强大且典型的故障信号。作者指出 Blink 可以实现大多数远程故障的亚秒级收敛。针对远程中断恢复问题，Holterbach 等则提出了一种快速重路由框架 SWIFT[130]，使得路由器能够在远程中断后快速恢复连接。在远程故障发生后，SWIFT 路由器通过运行一个推理算法，能够在短时间内从收到的少量 BGP 消息中定位中断，并预测受到远程中断影响的地址前缀范围。基于此推断，SWIFT 路由器会在不受故障影响的路径上，重新路由那些可能受影响的前缀。由于可能需要立即对大量前缀进行重新路由，SWIFT还引入了一种新的数据平面编码方案。该方案可以使路由器在几乎不更新数据平面规则的情况下，灵活匹配并重新路由所有受到故障影响的前缀。SWIFT 推理算法的关键是通过牺牲较少的准确性来换取速度上的显著提高。算法首先需要识别发生中断的拓扑区域，然后通过重新路由该区域周围的流量，SWIFT 路由器可立即恢复受影响前缀的连接，代价是需要在替代工作路径上，临时转发少量不受影响的地址前缀。SWIFT 可以通过简单的软件更新，在每个路由器上进行部署，不需要自治域间的合作，也不需要更新 BGP 协议。

针对网络故障恢复，Foerster 等提出一种支持拥塞和可扩展的静态快速重路由方法 CASA[131]。作为当今社会的关键基础设施，数据中心、骨干网、企业网等网络中故障常有发生。因此，在故障频发的情况下，如何保障这些网络的高弹性和可用性是至关重要的。为了满足对链路故障下流量中断的最大可容忍性的严格要求，许多网络都具有快速重路由的静态故障转移机制。然而，配置这样的静态故障转移机制较难实现针对动态网络的高效健壮性。而快速故障转移机制不仅提供了连通性保证，甚至在多个链路发生故障的情况下，还考虑了故障转移路由的质量问题和拥塞问题。到目前为止，故障转移机制在现有研究中受到的关注较少，但是对新兴应用程序越来越重要。CASA 算法则具有较高的鲁棒性和可证明的快速重路由质量，算法结合了两个关键的静态弹性路由技术：组合设计和弧不相交的树状图(arc-disjoint arborescences)。在实验测试中，该算法在伸缩性、负载能力和弹性方面具有较高的性能。

4.6　拥塞控制机制

针对当前网络流量日益增长的特点，如何实现有效的拥塞控制成为了网络研究者们关注的热点。在拥塞控制方面，当前研究热点主要集中在面向性能的拥塞控制技术、基于机器学习的拥塞控制技术、基于网络状态的拥塞控制技术等。

在 TCP 协议中，其拥塞控制存在严重的性能问题。虽然随着 TCP 协议的发展，协议的补丁能够解决特定网络条件(卫星链路、数据中心等)下的问题。但是 TCP 协议的变体太多，每种变体只能在特定网络条件下具有更好的性能。更糟糕的是，即使在专门设计的网络条件下，其性能也远非最佳。针对这类拥塞控制的问题，Dong 等提出一个新的拥塞控制体系结构[132]：面向性能的拥塞控制(Performance-oriented Congestion Control, PCC)。PCC 的目标是根据实时实验证据(live experimental evidence)了解哪些速率控制措施可以提高性能。PCC 以速率 r 发送一段时间，并且观察结果(如丢包率延迟等)，之后结合这些报文级别的事件为效用函数，例如描述事件为"高吞吐率和低丢失率"。这样

PCC 就完成了一次微实验，即在速率 r 得到效用值 u。为了实现速率控制，PCC 持续做很多这样的微实验。同时，利用在线学习算法跟踪经验最优的发送速率。通过实验，作者证明 PCC 可以收敛到稳定和合理的平衡。在许多现实环境中，PCC 表现出相比 TCP 协议的大幅性能提升和更好的稳定性。

利用机器学习的思想，Dong 等设计一种新颖的速率控制协议[133]。由于 TCP 的系列拥塞控制算法无法满足重要的性能要求，其传输速率控制面临许多挑战。首先，拥塞控制架构应该能够在复杂的网络条件下有效地利用网络资源。其次，当多个业务流进行网络资源竞争时，拥塞控制应确保快速收敛到稳定和公平的速率。最后，拥塞控制方案应可以简单并安全地进行部署。作者通过分析表明，传统算法很难同时满足这些要求。因此，作者在 PCC 的框架内，利用机器学习中在线凸优化方面的思想设计一种新颖的速率控制协议 Vivace。Vivace 利用基于梯度上升的在线学习速率控制，实现了一个新型的可感知延迟的效用函数框架，从而实现可证明的快速收敛和公平性保证。实验分析表明，Vivace 在性能、收敛速度和对网络变化的反应速度等方面均显著优于传统方案。

公平的带宽分配方案适合当今的数据中心环境，公平排队机制还可以为云基础架构的多个共享租户提供带宽保证。多年来研究人员提出多种公平带宽分配算法，但是由于复杂性，这些算法很少在实际网络部署。交换硬件的最新进展可以更快地灵活的实现数据包处理，并且能够在不牺牲性能的情况下，保持交换机上有限的可变状态。基于此,Sharma 等提出一种基于可重配置交换机的公平带宽分配机制，近似公平队列(AFQ)[134]。该机制使用新颖的可重配置交换机，实现高速运行的近似公平排队的方案。该方案利用可配置的逐个报文处理，以及在交换机内部保持可变状态的能力，实现所有流的公平带宽分配。

4.7　报文深度检测技术

报文深度检测技术(Deep Packet Inspection, DPI)技术应用十分广泛，特别是在网络入侵检测系统、防病毒保护、互联网有害信息过滤等方面。ITU-T.Y.2770 系列建议对 DPI 技术做了系统阐述[135]，ITU-T.Y.2772 全面细致地提供了分组网络中的深度分组检测的实现机制[136]，包括描述 DPI 的应用模型、协议、接口方法和过程。

字符串模式匹配(String Pattern Matching, SPM)是 DPI 最基本的机制，其采用有效负载字节序列与字符串字典匹配方法，因此必须逐字节地检查有效载荷字符。大多数 SPM 解决方案，都采用经典的 AC(Aho-Corasick)算法生成高效的时间确定性有限自动机(Deterministic Finite Automaton, DFA)。但是，这些方法由于内存访问延迟大，导致大多数 DPI 系统无法跟上现代网络速度[137]。

近年来，由于正则表达式强大的特征表述能力，基于正则表达式的深度包检测技术成为学术界的重要研究对象。其主要聚焦于如何设计可适用于大规模规则集的高速正则表达式匹配引擎。

英特尔的 Wang 等[138]设计了应用于 x86 通用处理器的高速正则表达式匹配引擎 hyperscan。hyperscan 的主要思想是分解和预过滤，首先尽可能将每一个正则表达式分解成多个子字符串和子正则表达式，之后用分解得到的字符串集构建一个预过滤器。hyperscan 构建的预过滤器能够过滤大部分的实际流量，仅有少部分流量通过预过滤器进一步进行相对耗时的正则匹配。除了利用分解和预过滤的思想，hyperscan 还充分利用现代处理器的并行数据处理能力，如利用单指令多数据(Single Instruction Multiple Data, SIMD)指令，进行多字符串匹配与正则匹配的加速。hyperscan 能支持达数万条正则表达式规模的规则集，同时在实际应用规则集(Snort-Talos 规则集)下能达到单核约 1Gbps 的高匹配速率。

Su 等[139]提出了一种新颖的 DPI 体系结构，并设计了层次式存储结构和以存储器为中心的 FPGA 处理结构。首先，规则访问时间是 DPI 性能的瓶颈。通过实验观察，DPI 匹配过程只有很少状态被频繁访问，为此该体系结构建立了由片上 RAM 存储区和片外 DRAM 组成的两级分层存储体系结构，前者存储状态转换表中经常访问的部分，后者存储整个状态转换表和报文数据。同时该研究还提出了状态存储优化机制，其通过机器学习方法标识出少量高概率的状态，从而保证较低的缓存未命中率。实验表明最频繁的 256 个状态，可以覆盖大多数状态访问需求。其次，规则更新速度也是 DPI 的重要指标。由于多核处理器和FPGA之间的传输带宽和等待时间的限制，配置过程将成为潜在的瓶颈。进一步观察到，对于给定状态，只有少数字符会成为特定状态的输入。因此，该研究通过优化可能的输入，节省了大约 90% 的规则更新时间。通过从开源 Snort 系统、

Emerging Threats 系统中提取字符串模式作为测试的字符串字典，并基于 RFC 2544 分别对 7 种不同帧大小的随机数据流进行了深入的实验。实验表明，尽管当字典增大时，吞吐量可能会有所下降，但是对于大型词典，仍然提供了很高的吞吐量。2016 年该团队实现了单 FPGA 高达 60Gbps 的全文本字符串匹配速度，2019 年又实现 100Gbps 的匹配速度，也受到业界高度肯定。

Xu 等[140]提出了一个启发式算法进行规则分组以解决正则表达式匹配引擎构建时的确定有限状态自动机(DFA)状态爆炸问题。为了执行正则匹配，一个规则集(正则表达式集合)通常被编译为 DFA 的形式，因为 DFA 具有快速且确定的匹配性能。然而，DFA 的状态数随规则集大小增大而急剧增加，对于大规模的规则集，构建一个 DFA 将发生状态爆炸，导致内存占用超过实际可用内存。规则分组是将一个规则集划分为多个子规则集，并对每一个子规则集单独构建一个 DFA 的方法。通过规则分组，DFA 状态爆炸的挑战可以得到有效缓解。

Xu 等[141]同时分析了构建正则匹配引擎时 DFA 状态爆炸问题的原因，并针对这些原因设计了一种新的状态机——Offset-DFA。传统的正则匹配引擎经常依赖使用 DFA，然而 DFA 的状态爆炸问题使得其不适合应用于有较大规模的规则集的实际场景。通过分析，Xu 等得出 DFA 状态爆炸的原因在于规则中包含大量字符串的闭包和重复。通过提取原规则中的闭包和重复，该团队使用一个偏移关系表和一个重置表以保持语义等价，从而将提取剩下的规则部分编译为一个 Fragment-DFA。Fragment-DFA 和一个偏移关系表以及一个重置表一起构成 Offset-DFA。Offset-DFA 在消耗较低内存消耗条件下保持了较高的匹配速率。

4.8　报文处理加速技术

报文处理加速技术对实现网络吞吐量的提升具有关键作用。近年针对高速报文处理的研究工作主要集中在使用 CPU/GPU，以及交换机高速灵活处理报文等方面。

Kalia 等研究了使用 CPU 和 GPU 加速报文处理之间的关系[142]。ASIC 实现速度很快，但是一旦设计好就相对不灵活，必须大量生产以抵消高昂的开发成本。软件路由器与代码一样灵活，但是在每秒处理数据报文的速度、成本和能效方面却表现较差。为了解决上述两种方法的不足，过去十年出现了一些结合的技术实现手段，例如从 Intel IXP 之类的网络转发引擎到 FPGA 设计，以及商用 GPU 的使用。GPU 用作基于软件的路由和数据报文处理应用程序的加速器，其吞吐量通常比仅在 CPU 上使用高出几倍。针对该性能提升的主要原因，Kalia 等证明 GPU 带来的加速少量来自硬件本身，而主要源于 GPU 所采用的编程方式，如 CUDA 和 OpenCL 等语言可以促进内存延迟隐藏和矢量化并发。因此，作者证明了在某些情况下，在对算法实现应用类似的优化之后，仅 CPU 实现比在 GPU 上运行具有更高的资源效率。此外，为了提高 CPU 在数据报文处理中应对未来应用的标准，作者提出并评估了一个基于语言/编译器的初步框架 G-Opt，该框架可以通过自动隐藏内存访问来加速基于 CPU 的数据报文处理程序。

Sharma 等研究了使用交换机处理网络协议的问题[143]。交换机的创新不仅带来更快的速度，还带来了更加灵活的数据报文处理架构，不仅可以按流指定转发路径，还可以支持可配置的数据报文处理方式。具有上述功能的这类交换机称为 FlexSwitch。尽管 FlexSwitch 提供了强大的功能，但是它仍然有弱点，即 FlexSwitch 的指令集是否可以支持需要网络内处理的网络协议的实现。作者通过研究在经典问题(网络资源分配)中使用 FlexSwitch，迈出了解决该问题的第一步。通过提供一组使用了近似技术的构造块(building blocks)实现了实际的网络协议。特别是作者还使用这些构造块来解决数据中心内的网络资源分配问题，并实现拥塞控制和负载均衡协议(例如 XCP，RCP 和 CONGA)等。

4.9　云资源管理与控制技术

以云计算为支撑是当前工业界部署软件应用及其运维的必然趋势，也是面向未来边缘计算以及雾计算，起到承前启后作用的关键技术，因此针对云资源的管理和控制技术也是网络相关研究者们的重点研究对象。近年来，针对云资源管理与控制的研究工作主要聚焦于异构云资源调度、跨云资源可编程性、云资源性能保证等方面。

Hu 等研究了异构云资源的调度技术[144]。当前，云计算资源管理普遍采用模块化的容器技术。通过有效地虚拟化操作系统并封装必要软件组件和服务的运行时上下文，容器技术可以显著提高分布式应用程序部署的可移植性和效率。但是，现有的容器管理系统不能有效地处理并发请求，尤其是当请求同时包含多个维度的资源以及底层基础设施由异构机器构成。因此，Hu 等提出了一种增强型容器调度算法 ECSched,用于在具有多资源约束的异构集群上有效地调度关于容器的并发请求。该算法将容器调度问题转换为最小费用流问题,并使用特定的图形数据结构(流网络)表示容器需求。ECSched 提供了基于批量并发请求构建流网络的灵活性,并通过最小费用流算法以在线方式调度并发请求。通过该问题转化,多个容器请求可被同时调度,减少了传统串行调度方法的开销,并可综合考虑多个请求以达到最优化配置。实验结果表明,ECSched 在保证容器性能和资源效率方面优于最新的容器调度程序,并且在大型集群中仅引入了少量可接受的调度开销。以此为基础,Hu 等[145]针对云上的工作流执行问题,进一步提出了基于增强学习的调度算法,减少了工作流的完成时间。

Zhou 等针对跨云资源的可编程性和可控制性展开研究[146]。目前主流云计算的基础设施即服务(IaaS)模型为云计算应用提供了构建虚拟基础的基本功能,该功能允许应用程序开发人员灵活选择合适的虚拟机类型和位置(所处数据中心)、部署软件并配置网络通信。该模型有利于在云上实现弹性的软件运维。但是,当前用于开发和运行云应用的解决方案主要依靠手动利用这些功能来预先构建和配置虚拟基础设施。同时,这些解决方案缺少对于跨云、跨数据中心网络的配置和管理,难以支撑分布式应用。此外,这些解决方案缺乏在应用程序和基础设施之间直接运行时的控制,扩大了云应用开发和运维(DevOps)生命周期中基础设施管理和应用程序运维之间的差距。因此,Zhou 等设计并实现了 CloudsStorm 框架。该框架使开发人员可以利用不同云的虚拟基础设施功能,将其编程到云应用程序中。

通过 CloudsStorm 提供的关于云资源的三种级别的可编程性和两种模式的可控制性，应用程序可以在开发阶段直接对其基础设施所需的云计算资源进行编程，并在应用运维阶段对底层云资源进行控制。该研究通过演示使用 CloudsStorm 的两个案例，取得相应的评估结果，并在实际的云环境中将其所提供的云资源可控性性能与现有的其他相关工具进行比较。所有实验结果均表明 CloudsStorm 在易用性和性能上都优于其他相关工具。

Zhou 等还研究了保证云资源性能的相关关键技术[147]。由于云计算采用资源共享的模式，存在服务性能的不确定性，因此单个用户的计算和网络资源的服务质量并不能得到有效保证。当前解决方案主要通过云服务水平协议(SLA)，即当服务水平未达到标准时，云用户将从云服务提供商处获得补偿。但是，传统云服务水平协议缺乏可信的自动执行平台，新兴的区块链技术所提供的不可篡改和可追溯性为解决这一问题提供了潜在方案。因此，Zhou 等提出了一种基于博弈论的见证者模型，利用区块链智能合约技术来解决该信任问题。在该模型中，引入了见证者这一新角色，其职责是实现云资源服务质量的监测与报告。见证者履行职责的动力是可以从中获得相应的报酬。该研究精心设计了激励机制，并通过纳什均衡原理证明见证者为了最大化收益，必须始终如实地汇报云资源质量是否达标。另外，该研究提出了一种无偏随机抽选算法，以确保所选见证者是随机且互相独立的，避免可能的合谋。最后，基于以太坊区块链智能合约所实现的原型系统证明了该模型的可行性。

第5章 我国的热点亮点

5.1 政府高度重视自主可控网络设备的研制和部署

1. 政策环境

2018 年 4 月，习近平总书记在全国网络安全和信息化工作会议上系统阐述了网络强国战略思想，深刻回答了事关网信事业发展的一系列重大理论和实践问题，是指导新时代网络安全和信息化发展的纲领性文献。2016 年 10 月，习近平总书记在中共中央政治局第三十六次集体学习时强调：要紧紧牵住核心技术自主创新这个"牛鼻子"，抓紧突破网络发展的前沿技术和具有国际竞争力的关键核心技术，加快推进国产自主可控替代计划，构建安全可控的信息技术体系。

此外，国家正在加快制定出台相关法律法规，明确实现信息技术产品安全可控的相关要求。《国家安全法》第 25 条明确规定"加强网络和信息技术的创新研究和开发应用，实现网络和信息核心技术、关键基础设施和重要领域信息系统及数据的安全可控"；在《网络安全法》第 16 条中也明确要求"扶持重点网络安全技术产业和项目，支持网络安全技术的研究开发和应用，推广安全可信的网络产品和服务"；2014 年 5 月，国家互联网信息办公室发布《制定网络安全审查制度》,明确指出对于不符合安全要求的网络产品和服务,将禁止在中国境内使用。2017 年 2 月,《网络产品和服务安全审查办法》(试行)发布,明确指出其是"为提高网络产品和服务安全可控水平"而制定的[148]。

2. 标准建设

依据《网络安全法》《网络产品和服务安全审查办法》(试行)等要求,我国正着力于加快推进信息技术产品安全可控评价标准制定,提升高信息技术产品安全可控水平。2019 年,公安部发布等级保护 2.0 标准。等级保护 2.0 标准要求实现从等级保护 1.0 标准被动防御的安全体系,向事前防御、事中应急响应、事后审计的动态保障体系转变。该标准希望建立健全安全技术体系和安全管理体系,构建网络安全综合防御体系,实现对传统信息系统、基础信息网络、云计算、大数据、物联网、移动互联网和工业控制信息系统等级保护对象的全覆盖。等级保护 2.0 标准从 2019 年 12 月 1 日开始实施。中国电子信息产业发展研究院联合信息技术产业链上下游厂商,以信息技术产品在安全可控方面存在的风险为出发点,从数据支配权、设备控制权和产品选择权三方面,明确了安全可控的内涵,研究起草了《信息技术产品安全可控评价指标》国家标准,逐步构建了信息技术产品安全可控评价指标体系。

3. 产业实力

我国的网络技术虽然发展迅猛,但是核心芯片、智能终端操作系统等相关核心技术的自主研发能力依然严重不足。"自主可控战略"作为我国网信领域的基本国策,

在推动落实国家军民融合战略和网络强国战略,增强国家
网络安全能力中起到重要作用。我国网络通信设备建设发
展较晚,国内的通信设备长期被少数几家国际巨头公司垄
断,全球企业网设备市场基本被美国企业所掌控,思科、
惠普、Avaya、瞻博等几家企业,在过去很长一段时间里,
占领了我国主要市场份额。不过令人欣喜的是,随着自主
可控国家战略的不断深化,我国产业界在自主可控网络设
备的研制和生产上取得了长足的进步。例如,在核心芯片
方面,以飞腾、龙芯、申威等为代表的国产 CPU 日趋成熟,
周边生态逐渐完善;在自主可控网络交换芯片方面,苏州
盛科、成都楠菲等公司已实现高性能网络交换芯片的量产;
在自主可控网络设备生产方面,华为、中兴等公司在路由
器、交换机等核心网络设备市场中已占据了较高的份额。

5.2　大型企业成为全球网络设备
市场的重要贡献者

随着通信、计算、存储等各类信息技术应用和网络的
融合,网络设备日益成为承载各种核心业务的关键基础设
施。此外云计算、大数据、物联网等新兴信息技术的应用
给网络设备行业带来新的机遇与挑战。在此背景下,我国
网络设备市场在巨大的市场需求下获得了持续增长。

华为在网络设备制造方面处于高速发展的状态,是全
球网络设备市场的重要贡献者。全球权威咨询与服务机构
IDC 最近两年发布的报告[149,150]显示, 从 2016 年到 2018
年, 华为始终在全球市场保持领先地位, 市场份额居全球

第二位，年度同比增长率在 TOP3 厂商中排名第一，表现出色，发展势头强劲。而根据 Dell'Oro 的数据显示，在 2020 年第一季度的全球通信市场中，华为也以 28%的份额占据第一。

中兴通讯将战略的重点聚焦在了运营商主航道上，通过与全球超过 40 家的运营商进行合作，大规模开展 5G 的研究与部署。实现了 5G 端到端的解决方案、商用产品和全系列 NR 产品全频段、全场景的覆盖。同时通过其所研制的 AI Engine 来支持 5G 中各类场景的智能化。而在当前主流运行的 4G 网络中，中兴通讯有超过 320 个的 LTE/EPC 的商用合同，在基站累计发货量的市场份额也接近 20%。除了无线移动通信领域，中兴通讯在光通信、光接入等领域也有广泛的产品线。

烽火通信科技股份有限公司(以下简称烽火通信)在网络市场上也占据着重要地位，其深耕城域网宽带 IP 通信领域，可以满足客户的各种复杂需求。该公司具有非常丰富的网络产品，比如众多系列的以太网交换机、IP 视频系统、CWDM 等。2007 年，该公司的交换机产品获得了"中国名牌"称号。烽火通信的产品不仅在国内各行各业都得到了广泛应用，也与国际上近百个国家进行了业务合作。例如烽火通信参与了多个国家的干线工程建设。烽火通信在技术上不断进行创新，其拥有 X.85、X.86、X.87、Y.2770、Y.2771、Y.2772 等多项 ITU-T 电信标准，拥有数目众多的专利技术，其公司的产品建立在这些专利技术之上，在市场竞争中具有独特的优势。不仅如此，烽火通信还掌握多项先进技术，比如 ASIC 技术、IP 核心芯片研发、路由、交换机操作系统等。此外，烽火通信在 IEEE(电气电子工程协会)、ITU-T(国际电信联盟)、IETF(互联网工程任务组)、MEF(城域以太网论坛)等国内外重要的组织担任要职。

5.3 白牌数据中心交换机成为重要发展趋势

在当今的网络环境中，白牌交换机获得越来越多的关注，它是传统网络硬件的低成本替代方案，但它更大的价值在于提高网络的可编程能力和自动化能力。其灵活、高效的特点可以显著降低网络的部署成本。白牌交换机将软件与硬件进行解耦，用户可以在白牌交换机上自主安装软件，给用户提供巨大的选择空间。在这个"用户为王"的时代，白牌交换机受到越来越多人的推崇。当前市场，白牌交换机的生态链雏形初步形成：芯片、硬件、软件、操作系统，每个领域都有自己的代表企业，具体如表 5.1 所示。

表 5.1　白牌交换机生态链

芯片-交换芯片	Broadcom、Cavium、Barefoot Networks、盛科网络、楠菲等
芯片-存储器芯片	镁光科技、三星、海力士、兆易创新等
硬件 ODN	台达、广达、迈腾、卓翼科技等
操作系统	Cumulus、BigSwitch、Pica8、 Snaproute 等
整机	谷歌、HP、Facebook、百度、阿里巴巴、腾讯、风云实业等

盛科网络、楠菲等国内厂家在以太网交换机核心芯片具有较强的实力。这些企业的业务主要集中在以太网交换

机、SDN 交换，或者白牌交换机的研制，并通过与大型设备制造公司或者互联网公司合作，开展数据中心网络的部署和应用工作。

百度、阿里巴巴、腾讯、京东等大型互联网企业也是白牌数据中心交换机的重要实践者。因为这些公司通常需要部署大量交换机，并且这些交换机的端口具有高密度的特点，而白牌交换机不仅端口密度高，成本也比较低，契合这些大型互联网公司的需求。因此这些公司对推动白牌交换机技术不遗余力。

"凤凰项目"是开放数据中心标准推进委员会(Open Data Center Committee, ODCC)网络工作组于 2017 年 8 月发起的开源网络 OS 发行版项目。该项目以 SONiC 开源社区为依托，以推动"白盒+开源 OS"的网络生态发展，促进 SDN 网络和国内开放网络的进步为目的。"凤凰项目"的主要成员包括了百度、腾讯、中国移动、中国联通、中国电信、阿里巴巴、京东、中国信息通信研究院等。除关注发行版外，该项目还在运维管理体系和软硬件兼容性测试评估等方面进行研究。其中，发行版软硬件兼容性主要由腾讯负责，社区软件评估及发行版制作主要由阿里巴巴负责，运维管理体系主要由百度负责，测试验证工作主要由中国信息通信研究院完成。

2018 年，"凤凰项目"发行版 V1.0 发布，并将通过行业大客户的应用示范促进国内生态的发展。2018 年开放数据中心峰会上，"凤凰项目"获得开源类创新奖，并在现场进行了成果展示。测试评估工作是验证产品，并促使产品走向应用的重要步骤。ODCC 于 2018 年发布了《凤凰发行版软硬件兼容性测试规范 》。该测试规范从测试环境、打流测试、L2 功能测试、L3 功能测试、ACL&QoS 功能测试等方面制定了相关测试案例。整个测试规范从用户角度对交换机软硬件进行组网打流测试，从应用角度对芯片、平台驱动等兼容性进行验证。测试结果可以较好地反映产品的功能与特性。2019 年，ODCC 网络工作组开展了针对"凤凰项目"的相关测试评估工作，以进一步促进"凤凰项目"的发展。

开放网络硬件项目是 ODCC 网络工作组发起的，旨在推动国内交换机白盒化发展，鼓励白盒交换机开放硬件，结束网络组单向模式，建立 ODCC 成员单位和会员单位互动共享社区。同时通过与"凤凰项目"进行结合来推动"白盒+开源 OS"的网络生态。该项目从 2017 年 9 月正式发起，主要包括了阿里巴巴、百度、腾讯等成员。

第6章 未来展望与思考

6.1 天地一体化信息网络带来的机遇

天地一体化信息网络通过采用统一的技术架构、技术体制、标准规范等，将天基信息网、移动通信网和地面互联网进行互联互通，为陆、海、空、天各类军民用户提供多样化和个性化的网络与信息服务，服务目标为"全球覆盖、随遇接入、按需服务、安全可信"。天地一体化信息网络是国家战略性公共基础设施，是世界各国争夺"制信息权"、掌握全球信息资源的战略性平台，成为保障太空安全和网络安全的重要基石，是彰显大国实力的重要标志。因此，开展天地一体化网络的研究已成为世界各国网络研究的重要组成部分，主要包括协议体系、组网架构、标准规范、卫星设备等。

美军已建成一个宽带、窄带和安全相结合的军事卫星通信系统体系。该体系是以数十颗军事高轨通信卫星为主体，以全球 9 个地面电信港为依托，以铱星低轨移动通信星座等商用卫星为补充的信息网络，并将在未来成为全球信息栅格(GIG)(现已升级为国防部信息网络 DoDIN)的一个重要组成的部分。近年来，以新一代卫星互联网星座为代表的天基信息网已经成为当今世界各国研究的核心焦点之一。美国 SpaceX 公司提出了 Starlink 卫星互联网计划，将部署约 12000 颗小卫星，运行在 43 个混合轨道面，截至 2019 年 12 月，已发射首批 180 颗卫星，预计将于近期投入运营[151,152]。OneWeb、Telesat、LeoSat 和亚马逊等公司也在开展类似研究项目，这些太空卫星网络将在地球低空轨道上为地面提供互联网连接服务。

　　我国"天地一体化信息网络"是国家科技创新 2030 的重大项目之一。该项目由科技部等部门领导，按照"天基组网、地网跨代、天地互联"思路，以地面网络为基础、空间网络为延伸，覆盖太空、空中、陆地、海洋，为天基、陆基、海基各类用户活动提供信息保障。我国"天地一体化信息网络"研究涉及网络技术体系、安全体系、标准体系和政策体系等四个方面。相关研究已经持续了数十年并已经取得了一系列的成果。目前，我国主要建设发展中星、亚太系列通信广播卫星系统，在轨运行 C、Ku 频段民用通信卫星 10 余颗，通信业务覆盖亚洲、非洲、欧洲、太平洋等区域。在 2019 年，国防科技大学发射玉衡和顺天号路由器卫星开展空间组网实验。这些工作为天地一体化网络系统的空间路由技术和空间网络组网技术提供了支持。

　　尽管我国在天地一体化信息网络的建设上取得了一定的成果，但与美国等世界发达国家相比，技术水平和服务能力尚存在一定的差距，还难以适应国家战略利益拓展的新要求。这也就要求我们加强面向天地一体化信息网络工程的建设和对前沿技术的探索。而作为天地一体化信息网络建设的重要部分，天地一体化网络的快速建设与发展为网络设备和网络设备相关技术的发展带来了很大的机遇。研究工作可以从如下网络设备和相关技术等方面进行探索，为促进我国天地一体化信息网络建设添砖加瓦[152,153]。

(1) 空间路由器和相关元器件的研制

我国虽已实现首款空间路由器的自主研制并发射成功，但在链路接口速率、交换容量，以及应对太空复杂环境的抗辐照能力等性能指标上还需要进一步加强。同时，在高频段大功率放大器、大规模 FPGA、高性能 CPU/DSP 等元器件的设计实现方面，我国还依赖于进口，因此需要加强相关技术的探索，争取早日实现自主设计和实现。

(2) 天地一体化网络协议及多维高动态路由技术

针对天基网络节点(特别是中低轨节点)与地面节点之间的拓扑动态变化、卫星链路间断连通、长延迟、非对称等特性，需要开展多维立体化、高动态可扩展路由协议、预规划自适应中低轨动态路由协议等关键技术的研究，以确保天基网络高效、可靠、安全地实现路由寻址。

(3) 天基接入网移动性管理技术

针对天基接入网节点高动态运动和面向用户的多星多波束频繁切换等特点，需要开展基于身份与位置分离的移动性管理、自适应链路速率变化、网络资源快速调度和控制等关键技术的研究，提高天基接入网移动性管理效能和应用服务质量。

(4) 网络虚拟化运维管理技术

针对天地一体化信息网络面向多类用户的不同的应用需求，需要开展网络多维资源虚拟化抽象、不同用户需求与网络资源的适配与映射、面向应用的虚拟网络划分与隔离控制等关键技术的研究，从而实现天地一体化信息网络的高效运营。

6.2　国家重大发展战略带来的机遇

6.2.1　"一带一路"带来的机遇

2013 年 9 月和 10 月，在出访中亚和东南亚国家期间，习近平主席先后提出共建"丝绸之路经济带"和"21 世纪海上丝绸之路"的重大倡议[154]。这两项倡议也被称为"一带一路"。"一带一路"旨在借用古代丝绸之路的历史符号，高举和平发展的旗帜，积极发展与沿线国家的经济合作伙伴关系，共同打造政治互信、经济融合、文化包容的利益共同体、命运共同体和责任共同体。

在 2017 年"一带一路"国际合作高峰论坛开幕式上，习近平主席指出：我们要坚持创新驱动发展，加强在数字经济、人工智能、纳米技术、量子计算机等前沿领域合作，推动大数据、云计算、智慧城市建设，连接成 21 世纪的数字丝绸之路。这充分强调了信息化在推动"一带一路"沿线国家共同发展中的重要作用。

"一带一路"沿线国家的信息通信产业发展较不平衡，特别是在亚洲和非洲的部分国家，其网络技术比较落后，网络基础设施更新缓慢，因此这些国家和地区对信息基础设施的提升有着较大需求。例如，很多国家在通信设备制造的能力上基本处于空白，在业务运营和通信网络建设的能力上也较弱，使得产业的空心化非常严重。因此，各国经济的数字化趋势及信息通信发展现状为我国信息通信产业海外拓展提供了难得的历史机遇，也为我国网络设备制造产业带来重大的发展机遇。另外，作为"走出去"战略的先行者之一，中国的通信设备产业已经形成了较强的全球竞争力，能够为"一带一路"沿线国家提供优化升级网络基础设施。特别是华为、中兴等第一轮"走出去"的企业已经在非洲、拉美、东欧等新兴国家市场拓展中占据一定份额。因此，"一带一路"倡议为网络和通信产业带来了重大机遇。

目前在"一带一路"发展中，我国的互联网公司和网络设备制造公司已经取得了一定的成果。

阿里巴巴将计划打造全球化的"数字丝绸之路"，将一部分战略发展重点放在了"一带一路"沿线国家。因此，阿里巴巴基于在物流、支付手段和电子商务等领域的先进技术和经验，致力于帮助多个国家建立电子商务环境。例如，阿里巴巴在"一带一路"沿线国家布局了17个菜鸟物流的海外仓，阿里巴巴旗下的蚂蚁金服也与"一带一路"沿线国家的移动支付领域进行广泛合作，包括投资泰国正大集团旗下的 Ascend Money、印度版"支付宝"Paytm 等。为了更好地实现电子商务中海量数据的处理，阿里巴巴在中国香港、新加坡、中东、欧洲等地建设阿里云数据中心，利用自主研发的大规模计算操作系统"飞天"将全球的数百万台服务器进行整合从而提供巨大的计算和存储能力。

作为中国网络设备制造的领头者，华为公司为"一带一路"沿线国家的网络通信事业的发展发挥了非常重要的作用。在"一带一路"沿线国家的网络基础设施中，华为制造的交换机、路由器、手机等已经占据了很大的比例。同时为了更好地促进相关国家在信息技术水平上持续有效的发展，华为公司还提供了大量的技术培训和技术人才。

中国联通作为"一带一路"信息基础设施建设的主力军之一，构建国际漫游方案，主要包括："一带一路"沿线国家覆盖方面，eSIM 方案实现海缆登陆及直达数 10 个"一带一路"沿线国家，陆缆与俄罗斯、哈萨克斯坦等 10 余个"一带一路"沿线国家互联；自建国际网络节点(POP)覆盖"一带一路"主要热点区域；云服务方面，通过贴近用户、跨界部署云资源等方式构建"云网一体"新生态；为"一带一路"沿线国家客户提供包括数据专线、带宽批发、数据中心、云计算、系统集成、国际漫游、移动虚拟运营(MVNO)等在内的一系列子服务。

6.2.2　"互联网+"带来的机遇

2012 年，在第五届移动互联网博览会上，我国提出了"互联网+"的概念。2015 年 7 月 4 日，国务院印发了《关于积极推进"互联网+"行动的指导意见》。2015 年 12 月 16 日，第二届世界互联网大会在浙江乌镇开幕，并成立"中国互联网+联盟"。在国家层面的不断推动下，"互联网+"概念不断深入人心。"互联网+"技术旨在综合利用现代信息通信与计算机网络技术，深度整合互联网与传统行业，从而创造新的发展生态。随着现代网络技术的发展，"互联网+"不再局限于传统互联网，而是向移动互联网、车联网和物联网方向扩展。随着物联网技术的不断发展，网络与各行各业的联系变得更加紧密了，这也促进了各行各业的快速发展。目前大力建设智慧城市正是"互联网+"概念的产物。它正日益深刻的影响和重构着我们的生活。网络设备作为实现"互联网+"技术的关键组成部分，必将随着智慧城市和物联网的不断发展，而迎来发展的黄金机遇。

1. 智慧城市的建设方兴未艾

2008 年，IBM 公司提出"智慧地球"战略，旨在建立一个物联化、互联化的世界，使得人类活动、社会服务更智能[155]。智慧城市综合应用互联网、物联网、无线网络等技术，通过推进各类信息系统开发建设，并进行数据资源整合共享、开发利用，逐渐形成广泛互联、全局感知、集成应用的智能化城市。智慧城市本质上是一种用以帮助城市进行规划、建设、管理和服务智慧化的新理念和新模式[156]。

在"智慧地球"理念的引导下，全世界掀起了智慧城市建设的热潮。2009 年美国迪比克市与 IBM 合作，建立了美国智慧城市；韩国以网络为基础，试图打造生态型、智慧型城市；新加坡启动的"智慧国 2015"计划，目标是通过应用物联网等新一代技术，将新加坡建成国际一流城市。

我国高度重视智慧城市的发展。无论在资金上还是在政策上，国家均给予了大力的支持。在资金投入方面，2012年全国智慧城市建设的信息技术投资超过 1 万亿元。另据前瞻产业研究院 2018 年发布的《2020—2025 年中国智慧城市建设行业发展趋势与投资决策支持报告》统计数据显示，我国智慧城市规划投资达到 3 万亿元，建设投资达到6000 亿元；在政策层面，2010 年，"十二五"规划提出要把"智慧城市"融入人民的日常生活当中。2012 年住建部发布《国家智慧城市试点暂行管理办法》，突出强调智慧城市是城市规划建设的新模式，把"智慧城市"提升到了城市规划建设模式的高度。2013 年，发改委联合七部委发布《关于促进智慧城市健康发展的指导意见》，并组织 100 个城市开展试点。2014 年，国务院发布《国家新型城镇化规划(2014—2020 年)》，将智慧城市与人文城市、绿色城市并列作为推进城市建设的范式。

在国家的大力支持下，我国"智慧城市"建设早在 2009 年就拉开帷幕。"智慧北京""智慧广州""智慧南京""智慧沈阳""智慧宁波"等智慧城市不断发展起来。2013 年 1 月，我国公布首批 90 个试点智慧城市，后增补 9 个；2013 年 8 月，第二批 103 个试点智慧城市公布；2015 年 4 月，第三批 84 个试点智慧城市公布，另外扩大范围试点 13 个，专项试点 41 个。目前三批试点智慧城市已经基本覆盖全国各个省市自治区。2017 年，我国累计共有 500 多个大中型城市开始把智慧城市当作重点目标进行建设[157]。

2. 北斗导航为互联网+提供强力支持

北斗卫星导航系统是我国独立自主建设的一个卫星导航系统。第一代北斗系统，从 2000 年开始主要在中国境内提供导航服务。第二代北斗系统，从 2012 年 11 月开始在亚太地区为用户提供区域定位服务。2015 年中期，中国开始建设第三代北斗系统（北斗三号），进行全球卫星组网。北斗三号 2018 年覆盖"一带一路"沿线国家，2020 年完成建设，并提供全球定位服务，2035 年建成以北斗为核心的综合定位、导航、授时体系。

北斗导航已经广泛应用于交通运输、海洋渔业、水文监测、气象预报、通信系统、救灾减灾等各个领域。

移动应用、5G 移动通信和物联网的发展，都离不开导航定位等，特别是位置服务是未来移动应用的必不可少的重要组成部分。因此伴随北斗导航发展，互联网技术与北斗导航的结合将越来越紧密。北斗卫星导航系统提供的全球导航、快速定位、精确授时、位置服务等，将使得北斗与移动互联网、宽带互联网、卫星通信网、物联网等深度融合，形成"北斗+"和"互联网+"协同融合发展的新兴发展格局，全面推动互联网相关产业的飞速发展。

3. 物联网技术应用如火如荼

物联网的概念是 1999 年由美国麻省理工学院提出的。物联网是一种将众多独立行使功能的普通物体实现互联互通的网络。多数时候，物联网也连接到互联网上，从而纳入更大的网络信息系统，实现具体面向特定场景的物联网。物联网一般是无线网。每个普通物体通过 RFID 技术打上电子标签，并通过无线传感器和物联网网络设备接入到物联网。一个人身边可以接入物联网的物体规模可以达到 1000 个以上，因此物联网的设备规模是十分庞大的。物联网通过对现实世界数字化，从而实现对机器、设备和人员数据进行集中、管理和控制[158]。一般地，物联网的体系结构包括感知层、传输层、处理层和应用层等四个部分。

物联网的应用领域十分广泛，几乎涉及现实世界的方方面面。目前，物联网的应用领域主要包括：运输和物流领域、工业制造领域、健康医疗领域、智能环境领域和个人社会领域等各方面[158]。

美国、欧盟、日本等多个国家和地区都在 2009 年公布了基于物联网的国家信息化战略，以人为核心实现人、物之间的智能关联。2009 年初，美国提出"智慧地球"计划并将物联网确定为国家战略。2009 年 6 月，欧盟发布《欧盟物联网行动计划》建立了物联网的政策体系。2009 年 8 月，日本提出"智慧泛在"构想[159]。这些国家和地区起步早，各自在物联网的特定领域取得了一定的领先地位。

我国高度重视物联网技术的发展，早在 1999 年，中国科学院就开展了相关技术的研究，取得了一定的成果。2009 年，我国提出"感知中国"战略，宣告物联网技术进入发展的黄金期。同年，无锡建立了物联网园区，与中国科学院共同打造"中国物联网研究发展中心"，中关村也成立了物联网技术产业联盟工作组和物联网产业联盟。2010 年，上海市成立了物联网中心。2016 年，工信部、发改委、科技部和财政部等四部委联合推出《智能制造工程实施指南(2016—2020)》，为物联网发展提供了实施指南。2017 年，《信息通信行业发展规划物联网分册》发布，为物联网发展明确了目标和任务[160]。

在国家层面政策的大力支持下，国内的物联网平台得到了迅速的发展。目前国内比较有影响力的物联网平台主要有百度物接入、QQ 物联、阿里云物联网套件、京东微联、机智云 IoT 物联网云服务平台及智能硬件自助开发平台、庆科云(FogCloud)、Ablecloud 物联网自助开发和大数据云平台、中移物联网开放平台(OneNet)等 8 大平台[161]。然而，国内实际运营的物联网平台远不止这 8 家，涉及传统 IT 企业、通信运营商、通信设备商、互联网企业、工业方案提供商、新型创业公司等机构组织。

4. "互联网+"背景下物联网设备前景广阔

智慧城市作为物联网的主要应用之一，需要依靠物联网基底支撑。物联网作为新型的网络类型，与传统网络一样，离不开网络设备的互连管理服务。"互联网+"背景下的网络设备实质是物联网设备，也是一种重要的物联网中间设备。无论是在特点上还是在关键技术上，与传统网络设备相比，物联网网络设备具有显著的不同。

(1) 物联网设备具有异于传统网络设备的鲜明特点

物联网是一个连接了亿万个传感器设备的网络。因此，物联网的网络设备具有与传统网络设备不同的特点，主要表现在四个方面。第一，物联网网络设备必须具备强大的设备接入能力，以适应物联网网络的特点。第二，物联网设备必须具备强大的数据转换能力。这是由于物联网连接的设备众多，种类各异，数据类型也不尽相同。物联网网络设备作为数据的集散地，必须能够识别各类数据并进行读取和转换。例如，物联网网络设备由于需要连接传统 IP 网络，因此必须支持以太网的设备接口协议。另外，物联网网络设备需要连接低功率的传感器设备，所以必须使用类似 RS485 等支持低电压检测的总线结构，从而支持更大范围的物联网设备互连。第三，物联网网络设备一般需要支持传感器信号无线接入与发送。这是因为传感器的位置与物联网网络设备距离较远，而且传感器的数量较大，如果全部用有线接入网络设备，显然不切实际。第四，物联网网络设备的综合监控管理平台必须具有更加强大的管理能力，以支持更加丰富的参数配置、策略控制等功能，实现更加复杂的物联网管理、控制和经营。

(2) 物联网设备需要异于传统网络设备的关键技术

如上所述，物联网网络设备具备与传统网络设备鲜明的不同点，导致了物联网网络设备需要具备与传统网络设备不同的关键技术。总结来说，大致有以下三点：

一是物联网网络设备更加突出智能化融合。物联网网络设备是智慧城市、智慧家庭等的重要组成部分，因此其就必须具有一定的智能化。例如在智能家居中，智能路由器是其最不可或缺的一部分，也是传统家庭向智慧家庭转型的重要网络枢纽。

二是物联网网络设备更加突出规模数据处理能力[162]。随着智慧城市、工业互联网、物联网建设全业务化的发展、深化，整个 IP 网络的流量都将出现井喷式的增长。如何及时处理庞大的通信需求和海量的感知信息成为了技术难题。下一代高性能路由器系统需要拥有大容量、高转发性能、安全可靠的特点来满足用户带宽[163]。现有的技术如物联网交换机，采用把物联网芯片镶嵌于交换机本体内部的方法，将感应处理、计算分散在各个较小的单位进行，从而有效提升数据处理的效率，还可以通过提高报文解析速度来提升处理速度[164]。

三是物联网网络设备更加突出信息安全需求。美国消费者协会公民研究中心(The America Consumer Institute Center for Citizen Research)曾发布过一份研究报告《你的 Wi-Fi 路由器有多安全？》，报告中指出路由器的安全风险问题,调查结果显示近 83%的路由器存在着网络攻击漏洞。根据赛门铁克的互联网安全威胁报告显示,仅在 2017 年,物联网攻击的数量就增加了 600%,家庭路由器占到所有检测事件的 33.6%。路由器作为物联网大家庭中的重要成员,其安全性的重要程度不容忽视。一旦隐藏的漏洞被用于网络攻击,人们的隐私信息及财产安全将受到难以估量的损失。因此,安全等级更高、防护性更好的路由器是一大需求。同时,随着网络规模的不断扩大,物联网的发展使得网络系统复杂性和异构性更加突出,如何应对更为复杂的物联网流量(非节点)安全问题需要引起足够的重视。针对这类安全问题,一种解决措施就是通过在交换机、路由器等网络设备上部署异常检测系统,实现在线的异常检测,抵御攻击行为。

(3) 物联网设备具有巨大的发展前景

综上所述,智慧城市的发展刚刚进入快车道,智慧城市的建设离不开物联网路由器等网络设备的参与。一方面,智慧城市的高速发展必然为网络设备的发展注入强大的动力。另一方面,物联网技术是一种普适的应用技术,无论是国内还是国际,物联网相关应用技术与平台如雨后春笋,层出不穷。根据相关研究表明,智慧城市牵引的物联网规模正在迅速发展,在不久的将来会超过传统网络。因此,物联网的发展前景十分乐观,物联网网络设备将迎来难得的历史发展机遇。此外,传统网络设备中针对第三方设备的专用接口部分可以统一使用物联网网络设备进行替换,也将催生出物联网网络设备新的应用需求。

6.2.3　5G 推进与部署带来的机遇

如果说，2G/3G/4G 是技术推动较为单一的服务和商业模式，而 5G 则要运用各方面技术，以满足和支持不断变化的生态系统和商业模式[165]。2G/3G/4G 网络演进的主要动力源自突破接入网与核心网的局限，侧重于聚焦技术的演进[166]，而 5G 则是"端到端"的系统架构，除了关注技术上的演进外，还将实现软件与硬件在电信行业中的分离，并引入主流数据中心的云化和虚拟化概念，构建全移动和全互联的生态体系[165]。在未来的 5G 网络中，运营商将不仅局限于为人与人之间提供通信服务，还能实现人与物以及物与物之间的通信。

5G 网络低时延、高可靠、低功率、大连接、大容量、连续广域覆盖等特点对网络设备提出新的挑战和机遇，主要包括网络连接的可靠性、网络的传输速度、无缝的用户体验等。

首先是 5G 核心网架构的演变。为了适应不同业务的现实需求和发展空间，5G 核心网必须能够达到灵活、快速地部署。为此，NFV 的架构成为 5G 核心网的必然选择，这样可以实现很好地支持网络资源的合理分配和业务容量的扩大或缩小。此外，5G 在应对时延超敏感业务时，通常要求接入网时延不超过 0.5ms，这就意味着 5G 中心机房与 5G 基站之间的物理距离要很短(一般不超过 50 km)，因此分布式云部署也是 5G 核心网的显著特征[166]。

其次是 5G 架构中网络设备的研究和发展。一方面，在普遍情况下，5G 城区网络呈现微型化，可能会达到数十米一个基站，隐蔽型微站将成为主流。这样就需要利用统一的平台实现通信的有效管控，如 M. Caesar 等提出利用路由控制平台(RCP)对网络实现逻辑集中控制，从而促进网络的管理和创新[167]。白盒路由器的发展适应了 5G 时代快速的需求变化，能够自主、个性化的实现路由器设计、使用和升级。AT&T 在 2018 年宣布，将采用全新的技术方式建设 5G 基站，并计划未来几年在基站内部署 60000 个白盒路由器。另一方面，在 5G 时代，将不只是人与人的连接，更多将会是人与物和物与物的连接。因此，3GPP 定义了 5G 应用的三大场景：eMBB 增强移动宽带、mMTC 大规模物联网、uRLLC 超高可靠与超低时延通信。在这三大场景中，eMBB 的场景是与人的体验有关，而 mMTC 和 uRLLC 场景则主要用于满足物与物之间连接的需求。这些场景的提出要求基础承载网络能够提供端到端的分片能力从而实现差异化服务层级协议保障。Samdanis 等结合网络虚拟化技术，提出了 5G 网络切片代理的概念。简单来讲，网络切片就是在一个网络中实现对多个应用的管理，各应用间彼此隔离、互不干扰，网络参与者能够通过信号装置动态地向基础设施请求和租赁资源，提高网络资源利用率[168]。

6.2.4　工业互联网(2025 制造)带来的机遇

工业化是现代化的核心，是智能制造的基础[169]。国务院《关于深化"互联网+先进制造业"发展工业互联网的指导意见》指出，到 2025 年，形成 3～5 个具有国际竞争力的工业互联网平台。这是立足未来工业操作系统主导权、巩固国家制造业竞争优势的重要决策[170]。

70 年的工业发展，我国从贫穷落后的农业化国家转变成为强大、现代的工业化国家，并逐步发展为具有全球影响力的经济大国。制造业的发展核心，需要根据时代的变化而不断调整。针对如何改变新时期中国制造业大而不强的主要问题，我国也提出了《中国制造 2025》，以引领中国制造由大变强的新时期建设[171]。

当前，信息技术、生物技术等各学科交叉融合，新材料、新能源等前沿方向创造革命性突破，已然成为新一轮产业变革的重要推动力，正逐步改变全球制造业发展格局，对全球制造业造成巨大的影响。工业互联网是将信息技术和制造业进行深度融合而开创的新型发展态势，对工业产业形态、制造模式以及生产组织方式都产生了深刻变革。欧美主要发达国家正在加快建设完善以智能制造为核心的网络经济体系，不断加强信息基础设施、不断累积数据战略资产、不断发展核心技术产业，以谋求在高端制造领域占据优势高地，并争取、坐稳全球价值链的有利位置。以德国工业革命 4.0 为例，政府主要立足对生产方式进行变革的方法，将工业制造业与物联网结合起来，保证德国制造技术全球领先的地位，掀起"再工业化"浪潮[172]。全球多个国家都将工业互联网纳入国家层面的战略部署中，不断扩大本国工业化制造业竞争优势，这对我国产业结构的升级带来巨大的挑战，也为我国制造业带来了重要的机遇。

经过多年的发展，我国在绝大部分领域与世界前沿科技的差距都在不断减小，接下来应继续做好信息化和工业化深度融合这篇大文章。首先为创新创业领域打造充满活力的生态系统，促进基于工业互联网的新产业、新产品、新模式的发展，从而进一步推进信息基础设施建设、通信业转型发展。

工业互联网通过政策的不断落实，在新时期获得快速发展和广泛应用，推动各制造业产品和生产模式的创新，打破传统制造业的空间、地域、技术壁垒，不断缩短产品生产周期、提高生产和服务效率。由于工业互联网中离不开大量网络设备的支撑，因此工业互联网的高速发展在对网络设备发展带来巨大机遇的同时也对网络设备及其相关技术提出了更高的要求，例如工业互联网应用对主干网传输提出了低延迟、稳定连接、高速传输等关键指标[173]。

6.3 互联网发展思考

6.3.1 互联网发展的矛盾与挑战

迄今为止，互联网已经获得了巨大的成功，为人们的工作生活带来了翻天覆地的变化。然而，在互联网发展历程中，其实现架构与技术等方面仍然存在着一些不足与矛盾，也对互联网的未来发展产生了一定的阻碍。下面简要阐述并分析这些矛盾与挑战。

(1) 分层与效率的矛盾

分层结构是互联网的核心思想之一，也是互联网发展取得成功的重要因素，主要优点如下。

各层相互独立：这样其中的任意一层就不需要知道其他层是如何进行实现的，而只需要层间接口所提供的服务。通过将整个功能的实现分为各个独立的部分并划分给各层，可以有效实现将一个复杂的难以处理的问题进行解决或者将一个复杂的系统进行实现。这种思想为互联网复杂的构成提供了可行的解决方案。

灵活性好：由于各层之间是相互独立的，因此如果某一层发生变化时，只需要保持层间接口的关系不变，其余层就不受到影响。

结构上可分割：由于各层技术也可以实现相对独立，因此在各层可以采用最合适的技术来进行实现。

易于实现和维护：在对系统进行分解后，不同的功能被封装在不同的层中，层与层之间的耦合显著降低。这样，一个庞大而又复杂的系统的实现就变得容易处理。

然而，随着互联网用户和应用的不断增多，分层结构所带来的效率不高的问题也逐渐显现出来。

降低了整体的性能：由于各层之间划分较为明确，每一层通常也只能与相邻层进行通信，这样就不能越层调用下层所提供的服务，从而降低了效率。

可能会导致级联的修改：在层次结构中，在某一层中进行功能的增加往往需要在各个层次中都进行相应的修改，这样才能较好的保证分层式结构。

功能跨层冗余：由于分层结构的使用，各层之间也出现了功能冗余。例如 TCP/IP 协议中采用了多层检错，但相比一层检错，多层检错在增加了实现复杂度的情况下并不能显著提高检错能力。而且在链路层、网络层、传输层都需要处理分片的问题，这大大增加了功能的冗余设计。

服务质量(QoS)保障难题：为了实现网络 QoS 的保障，最初只有网络层服务类型中有分级分类的标志。而随着互联网的不断发展，为了实现对各网络应用的 QoS 保障，网络设计者们在网络的各层都打了一系列的补丁，但是 QoS

保障机制设计本身是不适合于层次结构的。在分层结构中，如果各层处理不一致，则会造成混乱；如果一致，则会重复处理使得效率低下。但如果不采用分层结构，则只需进行一次端对端的 QoS 处理即可。

(2) 通用与定制的矛盾

互联网取得如今巨大成功的另一重要原因是互联网不是为任何特殊的应用而进行设计的，而是为了通用的应用而设计。这也就导致了互联网能够快速地实现大规模应用的扩张。这种互联网的通用设计模式，主要有如下的优点。

良好的顶层应用扩展性：由于互联网不是为任何特殊的应用而进行设计的，而是为通用的应用而设计，因此网络具有良好的顶层应用扩展。各应用只要按照标准程式与接口进行设计即可。

支持多样化的硬件设备：互联网对底层设备的需求也具有开放性，因此其能够支持多样化的硬件设备。特别是随着手机等移动终端的出现，互联网再一次进入了一个高速发展的时期。

维护相对简单：由于网络为通用应用设计，因此在增加新型应用等情况时，不需要针对某些应用对网络架构进行修改或维护，保持了网络的稳定性。

随着一些特殊应用的出现(如虚拟现实、自动驾驶等)，其对互联网提出了更高的性能需求，这种通用的设计也就比较难满足这些应用的需求。

缺乏对业务提供差异化服务的能力：由于互联网的通用性设计，其较难实现对不同业务的差异化服务。

网络中存在大量的冗余传输：由于互联网的通用性设

计，其缺乏对内容资源的智能调度能力，信息冗余大量存在。例如当前的互联网中，内容分发型的应用往往就存在极大量的数据重复传输的问题，特别是对视频流量这类大流量通信应用中，冗余流量会浪费大量网络带宽。

缺乏对网络数据的感知和应用能力：当前的网络中存在海量的数据，然而当前所实现的网络架构中缺乏对于海量数据收集、分析处理和网络反馈控制的层面。

(3) 核心简单与生存性的矛盾

互联网的设计还采用了核心简单而边缘复杂这一思想。这种设计思想推动了互联网的快速发展。其主要优点如下。

有利于实现网络的迅速扩张：由于网络架构核心的简单化，且约束网络的创新集中在边缘，这就有利于促进广大的互联网参与者对网络进行有效创新从而实现网络的迅速扩展。

保证了网络的有效运行：由于网络核心架构的简单化，网络在大规模扩张以及在网络应用和数据爆炸性增长的情况下，仍然能够有效的正常运行。

尽管核心简单，边缘复杂的设计思想为互联网发展带来了上述的优点，但其对互联网的生存性提出了很大的挑战。

生存性实现的困难：由于当前网络架构具有核心简单的特点，其抵抗网络损坏或摧毁能力较差。当核心网络设备遭受损坏或摧毁时，网络就容易陷入崩溃。

满足未来网络需求难：未来网络需要具有自修复自组织等功能，这就势必需要核心网络设备具有高度的智能化，从而使得核心网络更为复杂。

(4) 全局与局部的矛盾

在互联网发展过程中，网络流量的调度是保证网络平稳发展的重要举措，但随着互联网网络流量的不断增长，采取何种调度方式是最合适互联网发展的仍存在较大的争论。

全局最优与局部最优的矛盾： 为了实现网络的全局最优调度，通常需要获取网络的全局信息从而做出最优调度决策。但获取网络的全局信息存在高复杂性、高负载、高计算量等多重挑战。而根据网络局部信息做出调度决策则只能做到局部的最优，很难实现网络性能的全局最优化。

最短路径与最优利用矛盾： 在网络传输路径规划中，为了最快完成通信，通常需要为通信双方规划一个最短路径，但是由于网络中存在大量的通信双方，如果为所有通信双方都规划最短路径，这势必会导致网络的负载不均衡从而出现网络拥塞等问题。因此如何实现网络传输的最短路径与最优利用的平衡是一个挑战性的难题。

6.3.2 互联网未来发展展望

为了解决上述互联网发展面临的矛盾与挑战，本书提出互联网未来发展的初步构想与对策。

随着计算、网络、存储、通信等能力快速发展，软件定义网络和网络功能虚拟化技术逐步成熟，云计算、大数据和人工智能技术在网络领域快速应用，互联网逐步涵盖陆、海、空、天多域网络互联互通、一体化发展的趋势。

因此，未来的互联网将是一个智能融合安全灵活的网络。智能融合安全灵活网络是指网络自身具备很强的智能演化和灵活性，可以针对用户与应用需求，根据网络所处的环境特点以及面临的不断演变的威胁，结合网络中动态变化的硬件、软件、数据、通信能力等要素，不断地自我学习、自主决策、自动重构的网络系统。智能融合安全灵活技术改变传统网络静态僵化的运行方式,通过智能学习、动态进化提高网络系统满足用户需求和环境适应等能力，实现对复杂多样网络应用的安全、实时保障等能力的跃升，有力支撑未来互联网的发展与演化。智能融合安全灵活网络技术的发展趋势和走向是提升网络自主决策的正确性和有效性，依据决策快速调整重构网络，提升网络应对环境和威胁等变化的能力，满足用户和应用需求。

　　智能融合安全灵活网络的能力支柱是自我学习能力、自主决策能力、自动重构能力，缺一不可。因此，智能融合安全灵活网络的发展思路是先构建形成这三大支柱能力，然后再综合应用这三大支柱能力形成自我进化能力。在自我学习方面，提升学习的深度和广度，做到"知己知彼"，学习掌握网络自身不断发展变化的硬件、软件、代码、数据等信息,学习感知运行环境特性和面临的威胁等特性，构建形成不断变化的有关网络自身的知识图谱。在自主决策方面，提升网络对用户和应用意图的理解能力，基于健全的知识体系提升自主决策的正确性和有效性。在自动重构方面，提升网络的快速调整能力，迅速贯彻执行网络决策，保证网络决策的时效性。而自动重构能力是网络的核心和支柱能力，也是自我学习、自主决策的目的所在，因此，首先应该聚焦发展自动重构能力，随后再发展形成"三位一体"的能力。而为了促进智能融合安全灵活网络的构建，相关技术的发展趋势主要包括：：

在控制方面：网络日益智能化，互联网智能日益呈现"云-边缘-端"融合的大智能发展趋势。首先，通过与云计算、大数据技术的有机融合，网络拓扑、态势等数据的有效采集和智能分析将推动云端互联网智能技术的进步，通过不断分析网络环境中所反馈的数据，不断生成新的策略并下发配置到设备中，实现故障排除、资源部署、网络隔离功能和安全威胁防护的自动化，具备预测行动、阻止安全威胁、自我演进和自我学习的能力；其次，为了增强网络决策控制的实时性，网络也会充分利用边缘的智能计算和处理能力，就近提供边缘智能服务，增强网络服务与网络应用的及时性；再次，网络端节点也会运行基于强化学习等智能决策相关算法，实现与网络环境的探测感知与自动自适应调整。

在功能方面：网络与安全功能走向融合。随着计算、存储、通信等资源与报文并行处理能力的快速增强，路由交换、入侵检测、防火墙、报文深度检测等网络及安全功能将越来越走向融合，功能虚拟化和网络、安全灵活可编程性日益增加，同一台设备上集成多种网络与安全功能将成为常态，多台设备通过协作与编排共同完成复杂的网络与安全处理功能将成为重要发展趋势。

在芯片方面：通用功能灵活定制与领域特定高性能处理并行发展。一方面，随着通用多核处理器能力的日益增强，基于通用 CPU 等架构实现通用功能的灵活定制将在对性能要求不高的领域得到广泛应用；另一方面，数据中心网络、超级计算互联网络对网络处理性能的极致要求，使得网络处理器、交换芯片、计算处理融合芯片等特定高性能处理芯片依然是紧迫的需求。

在处理方面：数据处理日益走向灵活可编程，计算存储处理日益走向融合。一方面，随着软件定义网络及软件定义无线电等技术的日益成熟与部署应用，网络从物理底层的调制解调、编码方式到应用层的协议将实现全维度全域可编程，在突破网络全维度可编程理论与模型研究及关键技术的基础上，网络平台的全维度可编程与网络基础平台的自动重构将成为重要发展趋势；另一方面，网络技术中的通信、计算和控制三大领域边界已经发生融合，通信会依赖计算和控制来实现最优服务效果，网络计算过程必须依赖网络通信和控制的基础服务，高效率的控制同样依赖通信能力和计算能力，以网内计算、分散计算等为代表的智能、分布、自组织新型计算通信控制融合技术，是网络技术深入发展的必然趋势。

在网络系统软件方面：集中式网络操作系统与分布式嵌入式系统将并行发展。一方面，软件定义网络、网络态势和数据采集的集中化以及微服务等技术的日益成熟，将日益推动以 SDN 控制器、NFV 编排器等为代表的大规模网络操作系统的发展进步；另一方面，传统路由交换设备上运行的嵌入式操作系统将更多地集成网络智能处理分析和虚拟化等能力，具备更加丰富的功能与性能。

在网络协议方面：通用分层体系结构与定制专用网络优化将同步推进。一方面，以 TCP/IP 为代表的通用分层体系结构将进一步扩展到天地一体化网络、5G、工业控制网络等为代表的新型网络中，实现万物多网系、多网域的互联互通；另一方面，在高性能计算、广域网优化、卫星互联网等领域，设计面向特定应用场景的定制专用网络协议，以快速 UDP 互联网连接协议(Quick UDP Internet Connection, QUIC)等为代表的应用网络层协议协同优化将成为重要发展趋势。

第7章 致　　谢

本书在撰写过程中，得到了国防科技大学陈曙晖、时向泉研究员，周寰、邹鸿程、黄见欣、李鹏坤、柳林、赵娜、李杰、夏雨生、王鑫、宋丛溪、穆凡、刘佳豪、林慕饶、陈冠衡、吕佳宪、彭屪、邓海莲等研究生的大力支持。在此表示感谢！

感谢长春理工大学姜会林院士对本书提出了宝贵的建议。感谢清华大学、北京邮电大学、信息工程大学等网络研究团队提供了相关资料。

作者：苏金树　魏子令　赵宝康　余少华

参 考 文 献

[1] History of the Internet. https://en.wikipedia.org/wiki/History_of_the_Internet [2019-09-10].

[2] Bruenjes L S, Siccama C J, Lebaron J. The Internet Encyclopedia. New Jersey: John Wiley & Sons, 2004.

[3] Wu J, Wang J H, Yang J. CNGI-CERNET2: An IPv6 deployment in China. ACM SIGCOMM Computer Communication Review, 2011, 41(2):48-52.

[4] Pan J, Paul S, Jain R. A survey of the research on future Internet architectures. IEEE Communications Magazine, 2011, 49(7): 26-36.

[5] Hasegawa T. A survey of the research on future Internet and network architectures. IEICE Transactions on Communications, 2013, 96(6): 1385-1401.

[6] 苏金树, 刘宇靖. 新一代互联网关键技术. 北京: 科学出版社, 2019.

[7] 邬江兴, 兰巨龙, 程东年, 等. 新型网络体系结构. 北京: 人民邮电出版社, 2014.

[8] Zhang L, Afanasyev A, Burke J, et al. Named data networking. ACM SIGCOMM Computer Communication Review, 2014, 44(3): 66-73.

[9] Seskar I, Nagaraja K, Nelson S, et al. Mobilityfirst future Internet architecture project // Proceedings of the 7th Asian Internet Engineering Conference, 2011, 9: 1-3.

[10] Perrig A, Szalachowski P, Reischuk R M, et al. SCION: A Secure Internet Architecture. Berlin: Springer International Publishing, 2017.

[11] Networking Hardware. https://en.wikipedia.org/wiki/ Networking_hardware [2019-08-20].

[12] Glossary A T. Alliance for Telecommunications Industry Solutions. http:// www.atis.org[2019-08-01].

[13] Internet World Stats. https://www. internetworldstats. com [2019-08-02].

[14] 中国互联网络信息中心. http://www. cnnic. cn/ [2019-08-02].

[15] 李丹, 陈贵海, 任丰原, 等. 数据中心网络的研究进展与趋势. 计算机学报, 2014, 37(2): 259-274.

[16] Home Automation. https://en.wikipedia.org/wiki/Home_automation [2019-08-03].

[17] 阿里云 IoT 事业部, 中国智能家居产业联盟 CSHIA, 新浪家居. 2019 中国智能家居发展白皮书——从智能单品到全屋智能, 2019.

[18] 谢希仁. 计算机网络. 7 版. 北京: 电子工业出版社, 2017.

[19] 斯桃枝. 路由协议与交换技术. 北京: 清华大学出版社, 2012.

[20] 魏亮. 路由器原理与应用. 北京: 人民邮电出版社, 2005.

[21] 新华三大学. 路由交换技术详解与实践(第 1 卷). 北京: 清华大学出版社, 2017.

[22] Rita Puzmanova. 路由与交换. 黄永峰, 周可, 等译. 北京: 人民邮电出版社, 2004.

[23] Andrew S, Tanenbaum, David J, 等. 计算机网络. 5 版. 严伟, 潘爱民, 译. 北京: 清华大学出版社, 2016.

[24] 刘丹宁, 田果, 韩士良. 路由与交换技术. 北京: 人民邮电出版社, 2017.

[25] 蒋建峰, 刘源. 路由与交换技术精要与实践. 北京: 电子工业出版社, 2017.

[26] 沈鑫剡, 魏涛, 邵发明, 等. 路由和交换技术. 2 版. 北京: 清华大学出版社, 2018.

[27] HCIA-Security 实验手册 V3. 0. 华为培训官方教材.

[28] 戴斌. 域间多路径路由关键技术研究. 长沙: 国防科技大学博士论文, 2011.

[29] Habib S, Saleem S, Saqib K M. Review on MANET routing protocols and challenges. IEEE Student Conference on Research and Development, 2013: 529-533.

[30] Chauhan A, Sharma V. Review of performance analysis of different routing protocols in MANETs. International Conference on Computing, Communication and Automation (ICCCA), 2016: 541-545.

[31] Tyagi S, Kumar N. A systematic review on clustering and routing techniques based upon LEACH protocol for wireless sensor networks. Journal of Network and Computer Applications, 2013, 36(2):623-645.

[32] Mahakalkar N, Pethe R. Review of routing protocol in a wireless sensor network for an IOT application. The 3rd International Conference on Communication and Electronics Systems (ICCES), 2018: 21-25.

[33] Saha H N, Chattopadhyay A, Sarkar D. Review on intelligent routing in MANET. International Conference and Workshop on Computing and Communication, 2015: 1-6.

[34] Medhi D, Ramasamy K. Network Routing: Algorithms, Protocols, and Architectures. San Francisco: Margan Kaufmann, 2017.

[35] Chuang S T, Iyer S, McKeown N. Practical algorithms for performance guarantees in buffered crossbars//Proceedings of IEEE 24th Annual Joint

Conference of the IEEE Computer and Communications Societies, 2005, 2: 981-991.

[36] Rétvári G, Tapolcai J, Kőrösi A, et al. Compressing IP forwarding tables: Towards entropy bounds and beyond. ACM SIGCOMM Computer Communication Review, 2013, 43(4): 111-122.

[37] Zec M, Rizzo L, Mikuc M. DXR: Towards a billion routing lookups per second in software. ACM SIGCOMM Computer Communication Review, 2012, 42(5): 29-36.

[38] Yang T, Xie G, Li Y B, et al. Guarantee IP lookup performance with FIB explosion. ACM SIGCOMM Computer Communication Review, 2014, 44(4): 39-50.

[39] Asai H, Ohara Y. Poptrie: A compressed trie with population count for fast and scalable software IP routing table lookup. ACM SIGCOMM Computer Communication Review, 2015, 45(4): 57-70.

[40] Go Y, Jamshed M A, Moon Y G, et al. APUNet: Revitalizing GPU as packet processing accelerator. The 14th Symposium on Networked Systems Design and Implementation, 2017: 83-96.

[41] Li B, Tan K, Luo L L, et al. Clicknp: Highly flexible and high performance network processing with reconfigurable hardware//Proceedings of the 2016 ACM SIGCOMM Conference, 2016: 1-14.

[42] Metcalfe R M, Boggs D R. Ethernet: Distributed packet switching for local computer networks. Communications of the ACM, 1976, 19(7): 395-404.

[43] Charles E S, Joann Z. 以太网权威指南. 蔡仁君, 译. 北京: 人民邮电出版社, 2016.

[44] Network Operating System. https: //en.wikipedia.org/wiki/Network_operating _system [2019-07-11].

[45] Ahammad S. Linux Basic and Networking Using CISCO and Mikrotik. Dhaka, Bangladesh: Daffodil International University.

[46] Cisco IOS. https://en.wikipedia.org/wiki/Cisco_IOS [2019-07-15].

[47] ZyNOS. https://en.wikipedia.org/wiki/ZyNOS [2019-07-15].

[48] Arista Networks. https://en.wikipedia.org/wiki/Arista_Networks# Extensible_ Operating_System [2019-07-15].

[49] Cumulus Networks. https://en.wikipedia.org/wiki/Cumulus_Networks# Products [2019-07-17].

[50] Clowley P, Franklin M, Hamidioglu H. Network Processor Design: Issues and

Practices. San Francisco: Morgan Kaufmann, 2003.

[51] Shah N. Understanding Network Processors. Berkeley: University of California, 2001.

[52] Li F, Wang J. Network Processor Architectures, Programming Models, and Applications. Lowell: University of Massachusetts Lowell, 2004.

[53] Ahmadi M, Wong S. Network processors: Challenges and trends//Proceedings of the 17th Annual Workshop on Circuits, Systems and Signal Processing, ProRisc, 2006: 223-232.

[54] Nokia FP4. https://www.nokia.com/networks/technologies/fp4/ [2019-07-20].

[55] Aydin O, Uçar O. Design for smaller, lighter and faster ICT products: Technical expertise, infrastructures and processes. Advances in Science, Technology and Engineering Systems Journal, 2017, 2(3): 1114-1128.

[56] Fuentes V, Matias J, Mendiola A, et al. Integrating complex legacy systems under OpenFlow control: The DOCSIS use case. IEEE European Workshop on Software Defined Networks, 2014: 37-42.

[57] Mizrahi T. Using Time in Software Defined Networks. Haifa: Technion-Israel Institute of Technology, 2016.

[58] Wheeler B. A new era of network processing. The Linley Group, Tech. Rep, 2013.

[59] Broadcom XLP® II 900. https://www.broadcom. com/products/embedded-and-networking-processors/ communications/xlp900 [2019-08-01].

[60] Clean Slate Program. https://en.wikipedia.org/wiki/Clean_Slate_Program [2019 - 08-23].

[61] McKeown N. Software-defined networking. INFOCOM, 2009, 17(2): 30-32.

[62] 张朝昆, 崔勇, 唐翯祎, 等. 软件定义网络(SDN)研究进展. 软件学报, 2015, 26(1): 62-81.

[63] Kaur S, Singh J, Ghumman N S. Network programmability using POX controller. ICCCS International Conference on Communication, Computing & Systems, 2014, 138.

[64] Gude N, Koponen T, Pettit J, et al. NOX: Towards an operating system for networks. ACM SIGCOMM Computer Communication Review, 2008, 38(3): 105-110.

[65] Beacon. https://openflow.stanford.edu/display/Beacon/Home [2019-08-02].

[66] Eweek. SDN Consortium Adds 24 Startups to Its Membership List. http://bit.ly/1GqPiqQ [2019-09-02].

[67] ONF. Software-Defined Networking: The New Norm for Networks. White Paper, 2012.

[68] Zhang Y, Cui L, Wang W, et al. A survey on software defined networking with multiple controllers. Journal of Network and Computer Applications, 2018, 103: 101-118.

[69] Teixeira J, Antichi G, Adami D, et al. Datacenter in a box: Test your SDN cloud-datacenter controller at home. The 2nd European Workshop on Software Defined Networks, 2013: 99-104.

[70] Gibb G, Zeng H, McKeown N. Outsourcing network functionality //Proceedings of the 1st Workshop on Hot Topics in Software Defined Networks, 2012: 73-78.

[71] Gallegos-Segovia P L, Bravo-Torres J F, Vintimilla-Tapia P E, et al. Evaluation of an SDN-WAN controller applied to services hosted in the cloud. 2017 IEEE Second Ecuador Technical Chapters Meeting (ETCM), 2017: 1-6.

[72] Zahmatkesh A, Kunz T. Software defined multihop wireless networks: Promises and challenges. Journal of Communications and Networks, 2017, 19(6): 546-554.

[73] Kreutz D, Ramos F M, Verissimo P E, et al. Software-defined networking: A comprehensive survey. Proceedings of the IEEE, 2014, 103(1): 14-76.

[74] Amin R, Reisslein M, Shah N. Hybrid SDN networks: A survey of existing approaches. IEEE Communications Surveys & Tutorials, 2018, 20(4): 3259-3306.

[75] Su J, Wang W, Liu C. A survey of control consistency in software-defined networking. CCF Transactions on Networking, 2019, 2(3-4):137-152.

[76] Wang W, He W, Su J. Enhancing the effectiveness of traffic engineering in hybrid SDN. IEEE International Conference on Communications (ICC), 2017: 1-6.

[77] Wang W, He W, Su J, et al. Cupid: Congestion-free consistent data plane update in software defined networks. IEEE INFOCOM 2016 the 35th Annual IEEE International Conference on Computer Communications, 2016: 1-9.

[78] Network Function Virtualization. https://en.wikipedia.org/wiki/Network_function_virtualization [2019-08-11].

[79] Guerzoni R. Network functions virtualisation: An introduction, benefits, enablers, challenges and call for action, introductory white paper. SDN and OpenFlow World Congress, 2012, 1: 5-7.

[80] Li W. Research and design of NFV infrastructure and cloud platform based on virtual router. The 5th IEEE International Conference on Cyber Security and

Cloud Computing (CSCloud)/The 2018 4th IEEE International Conference on Edge Computing and Scalable Cloud (EdgeCom), 2018: 166-171.

[81] 马书惠, 毋涛. NFV 标准与开源技术现状. 电信科学, 2016, 32(3): 43-47.

[82] ETSI NF. Network functions virtualisation (NFV). Management and Orchestration, 2014, 1:V1.

[83] Martins J, Ahmed M, Raiciu C, et al. ClickOS and the art of network function virtualization//Proceedings of the 11th USENIX Conference on Networked Systems Design and Implementation. Seattle, USA, 2014: 459-473.

[84] Panda A, Han S, Jang K, et al. NetBricks: Taking the V_{out} of NFV//Proceedings of the 12th USENIX Symposium on Operating Systems Design and Implementation (OSDI), Savannah, USA, 2016: 203-216.

[85] Bremler-Barr A, Harchol Y, Hay D. OpenBox: A software- defined framework for developing, deploying and managing network functions//Proceedings of the Conference of the ACM Special Interest Group on Data Communication. Salvador, Brazil, 2016: 511-524.

[86] Sekar V, Egi N, Ratnasamy S, et al. Design and implementation of a consolidated middlebox architecture//Proceedings of the 9th USENIX Conference on Networked Systems Design and Implementation, Vancouver, 2012: 24.

[87] Sun C, Bi J, Zheng Z, et al. NFP: Enabling network function parallelism in NFV//Proceedings of the Conference of the ACM Special Interest Group on Data Communication, Los Angeles, 2017: 43-56.

[88] Palkar S, Lan C, Han S, et al. E2: A framework for NFV applications// Proceedings of the 25th Symposium on Operating Systems Principles, Monterey, 2015: 121-136.

[89] Riggio R, Rasheed T, Narayanan R. Virtual network functions orchestration in enterprise WLANS//Proceedings of the 2015 IFIP/IEEE International Symposium on Integrated Network Management (IM), Ottawa, 2015: 1220-1225.

[90] 王进文, 张晓丽, 李琦, 等. 网络功能虚拟化技术研究进展. 计算机学报, 2019, 42(2): 185-206.

[91] Mijumbi R, Serrat Fernandez J, Gorricho Moreno J L, et al. Design and evaluation of algorithms for mapping and scheduling of virtual network functions//Proceedings of the 2015 1st IEEE Conference on Network Softwarization (NetSoft), Bologna, 2015: 1-9.

[92] Fayazbakhsh K, Chiang L, Sekar V, et al. Enforcing network-wide policies in

the presence of dynamic middlebox actions using FlowTags//Proceedings of the 9th USENIX Conference on Networked Systems Design and Implementation, Seattle, 2014: 533-546.

[93] Gember A, Krishnamurthy A, John S S, et al. Stratos: A network-aware orchestration layer for virtual middleboxes in clouds, 2013, arXiv preprint arXiv: 1305. 0209.

[94] Ying Z, Wu W, Banerjee S, et al. SLA-Verifier: Stateful and quantitative verification for service chaining//Proceedings of the IEEE International Conference on Computer Communication, Atlanta, 2017: 328-341.

[95] Fayaz S K, Yu T, Tobioka Y, et al. BUZZ: Testing context-dependent policies in stateful networks. USENIX Symposium on Networked Systems Design and Implementation, 2016: 275-289.

[96] Rajagopalan S, Williams D, Jamjoom H, et al. Split/Merge: System support for elastic execution in virtual middleboxes// Proceedings of the 10th USENIX Symposium on Networked Systems Design and Implementation(NSDI 13), 2013: 227-240.

[97] Gember-Jacobson A, Viswanathan R, Prakash C, et al. OpenNF: Enabling innovation in network function control. ACM SIGCOMM Computer Communication Review, 2015, 44(4): 163-174.

[98] Khalid J, Gember-Jacobson A, Michael R, et al. Paving the way for NFV: Simplifying middlebox modifications using stateAlyzr. USENIX Symposium on Networked Systems Design and Implementation, 2016: 239- 253.

[99] Sherry J, Gao P X, Basu S, et al. Rollback-recovery for middleboxes. ACM SIGCOMM Computer Communication Review, 2015, 45(4): 227-240.

[100] Kumar S, Tufail M, Majee S, et al. Service function chaining use cases in data centers. Internet Engineering Task Force Service Function Chain Work Group, 2015, 1(1): 1-18.

[101] Yang M, Liy Y, Jiny D, et al. OpenRAN: A software-defined RAN architecture via virtualization. ACM SIGCOMM Computer Communication Review, 2013, 43(4): 549-550.

[102] Yang M, Li Y, Hu L, et al. Cross-layer software-defined 5G network. Mobile Networks and Applications, 2015, 20(3):400-409.

[103] Yang M, Li Y, Jin D, et al. Software-define and virtualized future mobile and wireless networks: A survey. Mobile Networks and Applications, 2015, 20(1): 4-18.

[104] Yang M, Li Y, Li B, et al. Service-oriented 5G network architecture: An end-to-end software defining approach. International Journal of Communication Systems, 2016, 29(10): 1645-1657.

[105] Xia W, Zhao P, Wen Y, et al. A survey on data center networking (DCN): Infrastructure and operations. IEEE Communications Surveys & Tutorials, 2016, 19(1), 640-656.

[106] 余晓杉, 王琨, 顾华玺, 等. 云计算数据中心光互连网络: 研究现状与趋势. 计算机学报, 2015, 38(10): 1924-1945.

[107] Kachris C, Tomkos I. A survey on optical interconnects for data centers. IEEE Communications Surveys & Tutorials, 2012, 14(4): 1021-1036.

[108] Thraskias C A, Lallas E N, Neumann N, et al. Survey of photonic and plasmonic interconnect technologies for intra-datacenter and high-performance computing communications. IEEE Communications Surveys & Tutorials, 2018, 20(4): 2758-2783.

[109] Singh A, Ong J, Agarwal A, et al. Jupiter rising: A decade of clos topologies and centralized control in Google's datacenter network. ACM SIGCOMM Computer Communication Review, 2015, 45(4): 183-197.

[110] Facebook. Reinventing Facebook's Data Center Network. https: // engineering. fb.com/data-center-engineering/f16-minipack/[2019-08-27].

[111] 万海涛. 数据中心网络拓扑结构研究. 电脑知识与技术, 2016, 12(21): 43-45.

[112] Greenberg A, Hamilton J R, Jain N, et al. VL2: A scalable and flexible data center network //Proceedings of the ACM SIGCOMM 2009 Conference on Data communication, 2009: 51-62.

[113] 华为数据中心网络解决方案官网. https://e.huawei.com/cn/solutions/ business-needs/enterprise-network/data-center-network [2019-11-10].

[114] 华为. AI Fabric, 面向 AI 时代的智能无损数据中心网络. https: //e.huawei. com/cn/material/networking/dcswitch/c52d2372f2eb47dcb1038b8570f83c80 [2019-11-10].

[115] 陈磊. 5.0V——基于 SDN 的腾讯次世代数据中心网络架构. https: //cloud. tencent. com/developer/article/1032288[2019-11-20].

[116] Filsfils C, Nainar N K, Pignataro C, et al. The segment routing architecture. The 2015 IEEE Global Communications Conference (GLOBECOM), 2015: 1-6.

[117] Davoli L, Veltri L, Ventre P L, et al. Traffic engineering with segment routing: SDN-based architectural design and open source implementation. The 4th

European Workshop on Software Defined Networks, 2015: 111-112.

[118] Vissicchio S, Tilmans O, Vanbever L, et al. Central control over distributed routing. ACM SIGCOMM Computer Communication Review. ACM, 2015, 45(4): 43-56.

[119] Sambasivan R R, Tran-Lam D, Akella A, et al. Bootstrapping evolvability for inter-domain routing with D-BGP//Proceedings of the Conference of the ACM Special Interest Group on Data Communication, 2017: 474-487.

[120] Supittayapornpong S, Raghavan B, Govindan R. Towards highly available clos-based WAN routers//Proceedings of the ACM Special Interest Group on Data Communication, 2019: 424-440.

[121] Saeed A, Zhao Y, Dukkipati N, et al. Eiffel: Efficient and flexible software packet scheduling. NSDI, 2019: 17-32.

[122] Mittal R, Agarwal R, Ratnasamy S, et al. Universal packet scheduling. The 13th USENIX Symposium on Networked Systems Design and Implementation, 2016: 501-521.

[123] Sadeh Y, Rottenstreich O, Barkan A, et al. Optimal representations of a traffic distribution in switch memories. IEEE INFOCOM 2019-IEEE Conference on Computer Communications, 2019: 2035-2043.

[124] Demianiuk V, Kogan K, Nikolenko S I. Approximate classifiers with controlled accuracy. IEEE INFOCOM 2019-IEEE Conference on Computer Communications, 2019: 2044-2052.

[125] Liang Q, Modiano E. Coflow scheduling in input-queued switches: Optimal delay scaling and algorithms. IEEE INFOCOM 2017-IEEE Conference on Computer Communications, 2017: 1-9.

[126] Yang S, Lin B, Tune P, et al. A simple re-sequencing load-balanced switch based on analytical packet reordering bounds. IEEE INFOCOM 2017-IEEE Conference on Computer Communications, 2017: 1-9.

[127] Luckie M, Beverly R. The impact of router outages on the AS-level internet//Proceedings of the Conference of the ACM Special Interest Group on Data Communication, 2017: 488-501.

[128] Liu Y, Luo X, Chang R K C, et al. Characterizing inter-domain rerouting by betweenness centrality after disruptive events. IEEE Journal on Selected Areas in Communications, 2013, 31(6): 1147-1157.

[129] Holterbach T, Molero E C, Apostolaki M, et al. Blink: Fast connectivity recovery entirely in the data plane. The 16th USENIX Symposium on Networked Systems

Design and Implementation, 2019: 161-176.

[130] Holterbach T, Vissicchio S, Dainotti A, et al. Swift: Predictive fast reroute// Proceedings of the Conference of the ACM Special Interest Group on Data Communication, 2017: 460-473.

[131] Foerster K T, Pignolet Y A, Schmid S, et al. CASA: Congestion and stretch aware static fast rerouting. IEEE INFOCOM 2019-IEEE Conference on Computer Communications, 2019: 469-477.

[132] Dong M, Li Q, Zarchy D, et al. PCC: Re-architecting congestion control for consistent high performance. The 12th USENIX Symposium on Networked Systems Design and Implementation, 2015: 395-408.

[133] Dong M, Meng T, Zarchy D, et al. PCC Vivace: Online-learning congestion control. The 15th USENIX Symposium on Networked Systems Design and Implementation, 2018: 343-356.

[134] Sharma N K, Liu M, Atreya K, et al. Approximating fair queueing on reconfigurable switches. The 15th USENIX Symposium on Networked Systems Design and Implementation, 2018: 1-16.

[135] ITU-T. Y. 2770: Requirements for deep packet inspection in next generation networks, 2012. 11, Printed in Switzerland Geneva.

[136] ITU-T. Y. 2772: Mechanisms for the network elements with support of deep packet inspection, 2016.05, Printed in Switzerland Geneva.

[137] Yang Y H, Prasanna V K. Robust and scalable string pattern matching for deep packet inspection on multicore processors. IEEE Transactions on Parallel and Distributed Systems, 2012, 24(11):2283-2292.

[138] Wang X, Hong Y, Chang H, et al. Hyperscan: A fast multi-pattern regex matcher for modern CPUs. The 16th USENIX Symposium on Networked Systems Design and Implementation, 2019: 631-648.

[139] Su J, Chen S, Han B, et al. A 60GBps DPI prototype based on memory-centric FPGA//Proceedings of the 2016 ACM SIGCOMM Conference, 2016: 627-628.

[140] Xu C, Su J, Chen S. Exploring efficient grouping algorithms in regular expression matching. PloS ONE, 2018, 13(10).

[141] Xu C, Su J, Chen S, et al. Offset-FA: Detach the closures and countings for efficient regular expression matching. The IEEE 7th International Symposium on Cloud and Service Computing (SC2), 2017: 263-266.

[142] Kalia A, Zhou D, Kaminsky M, et al. Raising the bar for using GPUs in

software packet processing. The 12th USENIX Symposium on Networked Systems Design and Implementation, 2015: 409-423.

[143] Sharma N K, Kaufmann A, Anderson T, et al. Evaluating the power of flexible packet processing for network resource allocation. The 14th USENIX Symposium on Networked Systems Design and Implementation, 2017: 67-82.

[144] Hu Y, Zhou H, de Laat C, et al. Concurrent container scheduling on heterogeneous clusters with multi-resource constraints. Future Generation Computer Systems, 2020, 102:562-573.

[145] Hu Y, de Laat C, Zhao Z. Learning workflow scheduling on multi-resource clusters. IEEE International Conference on Networking, Architecture and Storage (NAS), 2019: 1-8.

[146] Zhou H, Hu Y, Ouyang X, et al. CloudsStorm: A framework for seamlessly programming and controlling virtual infrastructure functions during the DevOps lifecycle of cloud applications. Software: Practice and Experience, 2019, 49(10):1421-1447.

[147] Zhou H, Ouyang X, Ren Z, et al. A blockchain based witness model for trustworthy cloud service level agreement enforcement. IEEE INFOCOM 2019-IEEE Conference on Computer Communications, 2019: 1567-1575.

[148] 中国电子信息产业发展研究院. 2018 中国信息技术产品安全可控年度发展报告, 2018.

[149] International Data Corporation. IDC's Worldwide Quarterly Ethernet Switch and Router Trackers Show Strong Growth in the Fourth Quarter and Full Year 2018. https:// www.idc.com/getdoc.jsp?containerId=prUS44898419 [2019- 10-08].

[150] International Data Corporation. IDC's Worldwide Quarterly Ethernet Switch and Router Trackers Show Modest, Continued Growth for Fourth Quarter and Full Year 2017. https://www.idc.com/getdoc.jsp? containerId= prUS43603718 [2019-10-08].

[151]李凤华, 殷丽华, 吴巍, 等. 天地一体化信息网络安全保障技术研究进展及发展趋势. 通信学报, 2016, 37(11): 156-168.

[152] 张乃通, 赵康健, 刘功亮. 对建设我国 "天地一体化信息网络" 的思考. 中国电子科学研究院学报, 2015, 10(3): 223-230.

[153] 吴曼青, 吴巍, 周彬, 等. 天地一体化信息网络总体架构设想. 卫星与网络, 2016(3): 30-36.

[154] 一带一路(国家级顶层合作倡议). https://baike.baidu.com/item/一带一路/13132427?fr=aladdin [2019-12-02].

[155] O'grady M, O'hare G. How smart is your city?. Science, 2012, 335(6076): 1581-1582.

[156] 刘剑, 许云林, 杨鹏飞, 等. 我国智慧城市发展现状与规划建设研究. 农村经济与科技, 2019, 30(4): 195-197.

[157] 李盛超. 智慧城市建设与城市经济发展研究. 现代商贸工业, 2019, 40(9): 28-29.

[158] 张毅, 唐红. 物联网综述. 数字通信, 2010, 37(4): 24-27.

[159] 方筠捷. 物联网发展现状、趋势分析及中国的应对措施. 江苏科技信息, 2018, 35(16): 66-68, 85.

[160] 罗新皓. 我国物联网的发展现状分析. 现代经济信息, 2019(1): 364-366.

[161] 周斌斌, 古月后. 国内物联网的发展现状分析. 创新科技, 2018.

[162] 陈晓红. 新技术融合下的智慧城市发展趋势与实践创新. 商学研究, 2019, 26(1): 5-17.

[163] 胡龙斌. 下一代高性能路由器关键技术研究. 广东科技, 2014, 23(16): 188-189.

[164] 董永吉. 面向资源优化的分层式高速报文解析技术研究. 郑州: 解放军信息工程大学, 2013.

[165] 姜大洁, 何丽峰, 刘宇超, 等. 5G: 趋势、挑战和愿景. 电信网技术, 2013 (9): 20-26.

[166] 张筵. 浅析 5G 移动通信技术及未来发展趋势. 中国新通信, 2014 (20): 2-3.

[167] Caesar M, Caldwell D, Feamster N, et al. Design and implementation of a routing control platform//Proceedings of the 2nd Conference on Symposium on Networked Systems Design & Implementation-Volume 2. USENIX Association, 2005: 15-28.

[168] Samdanis K, Costa-Perez X, Sciancalepore V. From network sharing to multi-tenancy: The 5G network slice broker. IEEE Communications Magazine, 2016, 54(7): 32-39.

[169] 唐飞泉, 杨律铭. 工业互联网发展难题破解. 开放导报, 2019(2): 98-102.

[170] 袁晓庆. 我国工业互联网平台建设面临四大瓶颈. 中国计算机报, 2018-05-14(13).

[171] 苗圩. 中国制造 2025, 迈向制造强国之路. 时代汽车, 2015(11): 8-10.

[172] 熊检. "中国制造 2025" 和德国 "工业 4.0" 对比研究. 中国集体经济, 2019 (10): 86-87.

[173] 王兴伟, 李婕, 谭振华, 等. 面向 "互联网+" 的网络技术发展现状与未来趋势. 计算机研究与发展, 2016, 53(4): 729-741.